石油化工职业技能培训系列教材

油品计量工(油品销售)职业技能等级认定试题选编

中国石化销售股份有限公司　编

中国石化出版社

内 容 提 要

《油品计量工(油品销售)职业技能等级认定试题选编》以《油品计量工职业技能鉴定国家题库石化分库》等教材为基础精编而成。本书分油品计量工初级、中级、高级、技师和高级技师五个技能等级，包括油品与数质量管理、计量器具与设备、测量项目实施、计量设备维护与安全防护、事故判断与处理、测量数据处理与计算、交接计量、计量管理体系有效运行等内容。

本书可供油品销售企业组织油品计量工技能等级认定练习与培训考核使用，也可作为油品销售企业广大油库员工参加竞赛比武的复习参考资料。

图书在版编目(CIP)数据

油品计量工(油品销售)职业技能等级认定试题选编/中国石化销售股份有限公司编.—北京：中国石化出版社，2021.6(2022.9 重印)
ISBN 978-7-5114-6299-2

Ⅰ.①油… Ⅱ.①中… Ⅲ.①石油产品—计量—职业技能—鉴定—习题集 Ⅳ.①TE626-44

中国版本图书馆 CIP 数据核字(2021)第 105381 号

中国石化出版社出版发行

地址:北京市东城区安定门外大街 58 号
邮编:100011　电话:(010)57512500
发行部电话:(010)57512575
http://www.sinopec-press.com
E-mail:press@sinopec.com
北京科信印刷有限公司印刷
全国各地新华书店经销
*
787×1092 毫米 16 开本 7.75 印张 190 千字
2021 年 9 月第 1 版　2022 年 9 月第 2 次印刷
定价:38.00 元

前　　言

为了满足参加油品销售企业油品计量工职业技能等级认定人员复习参考需要，经中国石油化工集团有限公司职业技能等级认定指导中心同意，中国石化销售股份有限公司组织相关人员编写了《油品计量工(油品销售)职业技能等级认定试题选编》。

本书以国家计量标准规范和企业计量管理相关制度、《油品计量工职业技能鉴定国家题库石化分库》等教材为基础，紧密结合油品销售企业的实际特点，同时又考虑了新设备、新标准、新制度的情况精编而成。

本书分油品计量工初级、中级、高级、技师和高级技师五个技能等级，包括法律法规及制度、油品基础知识、容器衡器与流量计量相关基础知识、油品计量交接、油品储运工艺操作、油品损耗管理、油罐计量安全防护、计量器具检定、计量违规事故判断与处理、油量计算等内容。本书可供油品销售企业组织油品计量工技能等级认定练习与培训考核使用，也可作为油品销售企业广大油库员工参加竞赛比武的复习参考资料，对实际工作有一定的指导性。

《油品计量工(油品销售)职业技能等级认定习题选编》由中国石化销售股份有限公司负责组织编写，由中国石化集团有限公司职业技能等级认定指导中心组织审定通过。参加编写的人员有刘国华、孟庆恺、王海波、陈炫光、丘世宁、赵海荣、韩亚军、冯太明、林景丽、肖翀、徐友、刘一、王昊、赵文洋、王放、赵立奇；参加审定的人员有王维民、肖铁岩、王大鹏、王守城、黄训洁、吴深海、杨敏、周金广、倪庆旭。编审工作得到了销售公司计量管理站、销售华北分公司、江西石油分公司、广东石油分公司、浙江石油分公司、江苏石油分公司、河南石油分公司、销售华南分公司等单位的大力支持。

由于时间紧迫，编写水平有限，书中难免有欠妥之处，敬请谅解并提出宝贵意见。

编　者

目　录

初 级 工

基 础 知 识

一、判断题（正确的画✓，错误的画×）

1. 彼此间存在确定关系的一组量称为量制。（ ✓ ）
2. 量纲是以给定量制中基本量的幂的乘积表示某量的表达式。（ ✓ ）
3. 测量是由一个数和测量单位所表示的特定量的大小。（ × ）
4. 计量就是测量。（ × ）
5. 计量是带有法制性的、保证单位统一、量值准确可靠的测量。（ ✓ ）
6. 企业用于贸易交接的立式油罐应列为非强检计量器具管理。（ × ）
7. 误差为被测量值减去测量结果。（ × ）
8. 引用误差通常应用于多档和连续分度的仪器仪表中。（ ✓ ）
9. 系统误差是误差表现的一种形式，而随机误差、粗大误差不是。（ × ）
10. 数据 3.2783 保留三位有效数字应为：3.278。（ × ）
11. 静压力修正值表给出的数值是指油品在静压力作用下的容器容量的增大值表。（ × ）
12. SI 是国际单位制的国际通用符号。（ ✓ ）
13. 在国际单位制所考虑的量制中，速度是基本量。（ × ）
14. 赫兹是 SI 中具有专门名称的计量单位。（ ✓ ）
15. 法定单位的使用方法中规定书写单位和词头符号时：单位和词头符号所用的字母应一律为正体。（ ✓ ）
16. 按原油的相对密度，原油分为轻质原油、中质原油、重质原油、特重质原油。（ ✓ ）
17. 烷烃是石油的主要组分，其分子结构特点是碳原子间以单键相连成链状，其余键为氢原子所饱和。（ ✓ ）
18. 正构烷烃与异构烷烃的元素组成相同，但结构不同，因而，它们的性质既有相似之处，也有一定差别。（ ✓ ）
19. 由于环烷烃是饱和烃，不可能发生反应。（ × ）

20. 石油中的硫化合物，根据它们对金属的腐蚀性不同，可以分为活性硫化物和非活性硫化物两大类。（ √ ）

21. 含氮化合物会使石油加工中的催化剂中毒，所以必须从油品中除去。（ √ ）

22. 胶质和沥青质含量越高，石油及其产品的颜色越深。（ √ ）

23. 油品密度是单位体积油品在真空中的质量。（ √ ）

24. 原油体积随温度的升高而变大。（ √ ）

25. 同一温度下，蒸气压低的原油比蒸气压高的原油更容易汽化。（ × ）

26. 原油的蒸气压越高表明液体越难汽化。（ × ）

27. 闪点愈高，燃料愈易燃，火灾危险性愈大。（ × ）

28. 馏分越轻，则凝点越低；馏分越重，则凝点越高。（ √ ）

29. 油品的倾点是指在规定条件下，被冷却的油品尚能流动的最低温度。（ √ ）

30. GB252 中规定 0 号柴油冷滤点不高于 0℃。（ × ）

31. 油品的沸点是油品发生沸腾时的温度。（ √ ）

32. 在规定条件下，油品在适当的试验中，气液两相达到平衡时，液面蒸气所显示的最大压力，称为油品的饱和蒸气压。（ √ ）

33. 油品的馏程是在规定条件下，通过蒸馏试油得到的沸点范围。（ √ ）

34. 油品具有易燃、易爆、易蒸发、易产生静电的特性，还具有一定的毒性。（ √ ）

35. 流体，是与固体相对应的一种物体形态，是液体和气体的总称。（ √ ）

36. 流体运动是由充满整个流动空间的无限多个流体质点的运动构成的。（ √ ）

37. 在液压传动中，能量损失主要表现为流量损失。（ × ）

38. 流体的膨胀性是指在压力不变的条件下，流体的体积随温度的升高而变大的性质。（ √ ）

39. 动力黏度，也被称为动态黏度、绝对黏度或简单黏度。（ √ ）

40. 凡作用于液体表面，使液体表面积缩小的力，称为液体表面张力。（ √ ）

41. 流量是指单位时间内流经有效截面的流体量，又称瞬时流量。（ √ ）

42. 压强大小可以用绝对压强（以绝对真空即零大气压为基准）、表压（压力表上读取的压强值）和真空度（真空表的读数）等来表示。（ √ ）

43. 相对压力是一种以大气压力作为基准所表示的压力，是压力的表示方法的一种。（ √ ）

二、单项选择题

1. 5m 是一个（ A ）。

A. 量值

B. 量制

C. 量纲

D. 长度单位

2. 建立计量基准器具、计量标准器具进行计量检定，制造、修理、销售、使用计量器具，必须遵守的是（ B ）。

A. 标准法

B. 计量法

C. 计量制度

D. 质量法

3. 相对误差为测量误差除以被测量的（ B ）所得的比值。

A. 平均值

B. 真值

C. 数据

D. 算术值

4. 常用某量的（ C ）测量结果来确定约定真值。

A. 特定量

B. 单次

C. 多次

D. 一般量

5. 成品油计量中，若油品质量单位为吨（t）时，则有效数字应保留至小数点后（ B ）。

A. 四位

B. 三位

C. 二位

D. 一位

6. 表达高度 h 和容量 V 之间关系的表格称为（ A ）。

A. 容量表

B. 质量表

C. 算量表

D. 体积表

7. 在给定量制中由（ C ）的函数所定义的量，称为导出量。

A. 基本单位

B. 导出量

C. 基本量

D. 计量单位

8. 国际单位制的基本单位是米、千克、秒、（ A ）、安培、摩尔、坎德拉。

A. 开尔文

B. 摄氏度

C. 华氏度

D. 开氏度

9. 平面角的单位符号是（ A ）。

A. rad

B. sr

C. cd

D. kn

10. 给定量制中导出量的测量单位称为（ A ）。

A. 导出单位

B. 计量单位

C. 国际单位制

D. 法定单位

11. 长度单位一公里为（ A ）。

A. 1000m

B. 1000M

C. 1000km

D. 1Km

12. 体积的 SI 单位是“立方米”，单位符号是（ B ）。

A. M^3

B. m^3

C. m^{-3}

D. M^{-3}

13. 1t 等于（ B ）。

A. 1000km

B. 1000kg

C. 1kg

D. 1000KG

14. 油品密度为 824. 5kg/m^3等于（ A ）。

A. 0. 8245g/cm^3

B. 824. 5g/cm^3

C. 824. 5kg/dm^3

D. 0. 8245g/dm^3

15. 1h =（ B ）s。

A. 24

B. 3600

C. 86400

D. 60

16. 以下不属于原油颜色的是（ D ）。

A. 黑色

B. 深褐

C. 暗绿

D. 白色

17. 石油的非烃类组成主要有（ D ）。

A. 含氧化合物、含硫化合物、含氮化合物

B. 多种碳氢化合物

C. 碳氢化合物、含氧化合物、含硫化合物、含氮化合物

D. 含氧化合物、含硫化合物、含氮化合物和胶质、沥青质。

18. 烯烃是链烃分子里含有碳（ A ）双键的不饱和烃的总称。

A. 碳

B. 氢

C. 氧

D. 氮

19. 芳香烃在常温下呈（ D ）。

A. 气态或液态

B. 液态

C. 固态

D. 液态或固态

20. 石油中微量元素主要集中在（ D ）馏分。

A. 汽油

B. 煤油

C. 柴油

D. 渣油

21. 石油中的含氧量通常为（ C ）。

A. 百分之十几

B. 百分之几

C. 千分之几

D. 万分之几

22. 在我国 20℃下的密度是（ B ）。

A. 实际密度

B. 标准密度

C. 视密度

D. 相对密度

23. 在温度不变，压力升高时，原油的密度（ B ）。

A. 变小

B. 变大

C. 不变

D. 不确定

24. 在规定的试验条件下，火焰从油品与空气的混合气上面掠过时，能发生连续燃烧的最低油品温度，称为该油品的（ B ）。

A. 闪点

B. 燃点

C. 自燃点

D. 凝固点

25. 在规定条件下，被冷却的油品开始出现蜡晶体而使油品混浊时的温度，称为油品的（ D ）。

A. 露点

B. 凝点

C. 倾点

D. 浊点

26. 测定汽油辛烷值的目的是（ B ）。

A. 判断汽油气化性能的优劣

B. 判断汽油抗爆性能的优劣

C. 判断汽油抗氧化性能的优劣

D. 判断汽油燃烧性能的优劣

27. 柴油的燃烧性能是用（ C ）评价的。

A. 辛烷值

B. 抗爆指数

C. 十六烷值

D. 发热值

28. 表示柴油腐蚀性的指标有铜片腐蚀、（ B ）、硫含量。

A. 沸点

B. 酸度

C. 腐蚀性

D. 灰分

29. 某容器内有 1570t 油品，含水率为 0. 16%，容器内净油量为（ D ）t。

A. 2. 512

B. 1567. 5

C. 0. 02512

D. 1567. 488

30. 在受到切力作用下，流体会（ A ）。

A. 发生连续变形

B. 不发生变形

C. 当切力大到一定程度时，会发生变形

D. 不确定

31. 在同一种静止不可压缩流体中，某深度静止的微元体只具有（ D ）。

A. 位能

B. 动能

C. 静压能

D. 总势能

32. 流体的压缩性是指，（ C ），流体的体积随压力的增加而变小的性质。

A. 在黏度不变的条件下

B. 在密度不变的条件下

C. 在温度不变的条件下

D. 在流速不变的情况下

33. 运动黏度是绝对黏度与相同温度下该液体的（ A ）之比。

A. 密度

B. 质量

C. 体积

D. 分子直径

34. 压力表的适用范围一般在它的量程的 1/3 ~ 2/3 处，若超过了 2/3 则（ D ）。

A. 接头或焊口漏

B. 传动机构变形

C. 正常使用

D. 时间长了准确度下降

35. 计算中通常为 1 标准大气压 =（ C ）

A. 1.01×10^3Pa

B. 1.01×10^4Pa

C. 1.01×10^5Pa

D. 1.01×10^6Pa

36. 以绝对零压作为基准的压力称为（ A ）。

A. 绝对压力

B. 表压

C. 大气压力

D. 真空度

相 关 知 识

一、判断题（正确的画√，错误的画×）

1. 油罐投用前经过外观检查，压力、沉降实验，验收合格后就可投用。（ × ）
2. 上罐计量时要检查罐梯、平台和栏杆在结构上是否达到安全状态。（ √ ）
3. 量油尺必须有有效的检定合格证，方可用以测量。（ √ ）
4. 示油膏是一种遇油起反应的膏状物质。（ √ ）
5. 对浮顶罐内油品测量前，应该对此罐的计量区间进行确认。（ √ ）
6. 选择量油尺时，可根据被测量油品液位高度选择，与被测量油品的黏度等其他特性无关。（ × ）
7. 油品交接计量应选择最小分度值为 0. 2℃的玻璃棒局浸水银温度计。（ × ）
8. SY-02、SY-05 和 SY-10 三个系列的石油密度计可测定 20℃，密度范围 600~1200kg/m^3的原油和液体石油产品。（ × ）
9. 抓取取样器顶上的两块轻制板盖是为了防止在从液体中提升取样器时样品被冲洗出来。（ √ ）
10. 立式金属罐一般包括固定顶罐、内浮顶罐、外浮顶罐。（ √ ）
11. 当油罐有多个量油口时，每个量油口都应有一个编号。（ √ ）
12. 在雷电、冰雹、暴风雨期间，计量员可上罐进行检尺。（ × ）
13. 量油操作计量人员必须站在上风口位置。（ × ）
14. 公路油罐车油罐内油品油高测量准确度与该油罐车轮胎气压是否正常有关。（ √ ）
15. 丁字尺是用来测量公路油罐车油罐内液位空间高度的。（ √ ）
16. 取样样品不可避免会包括不是被取样的物料。（ × ）
17. 管线手工取样一般采用管线取样器进行操作取样。（ √ ）
18. 整列铁路罐车石油成品油取样时，若是相同油品，取样罐车总数 12 车，需在 2 车中每一车都取样，共取 2 车样。（ √ ）
19. 油船的总装载容积，一般划分成若干个相同大小的舱室。（ × ）

20. 管线样分为流量比例样和速度比例样两种。（ × ）

21. 处理样品的方法应取决于取样的过程。（ × ）

22. 样品在混合操作中，应始终注意保持样品的完整性。（ √ ）

23. 把样品加热到使它能充分地流动，但温度不能高到引起轻组分损失，或低到样品中的蜡析出。（ √ ）

24. 密度计干管内刻度的正确位置是由密度计的基准点确定的。（ √ ）

25. 测定密度时应把装有试样的量筒垂直地放在空气流通的地方。（ × ）

26. 把合适的密度计放入液体中，达到中间位置时放开，让密度计自由地漂浮。（ × ）

27. 测量透明液体，先使眼睛稍低于液面的位置，慢慢地升到表面，先看到一个不正的椭圆，然后变成一条与密度计刻度相切的直线。（ √ ）

28. 为保证密度结果的精密度高，测定密度两次完成后温度读数之差不应超过0.6℃。（ × ）

29. 将均匀的试样小心地沿量筒壁倾入清洁的密度计量筒中，要防止溅泼和避免生成气泡。（ √ ）

30. 刮板流量计刮板伸出时两个刮板之间形成一个计量室。（ √ ）

31. 椭圆齿轮流量计的壳体内装有一对互相啮合的椭圆齿轮，这对齿轮在流量计进、出口两端压力差的作用下，交替地相互驱动，并各自绕轴作匀角速旋转。（ × ）

32. 涡街流量计是一种容积式流量计。（ × ）

33. 转子流量计又称浮子流量计，通过量测试设在直流管道内的转动部件的（位置）来推算经过流量的装置，是变截面式流量计的一种。（ √ ）

34. 修正值是指用代数方法与未修正测量结果相加，以补偿其系统误差的值。（ √ ）

35. 修正值能够完全补偿测量过程的系统误差。（ × ）

36. 油品体积计算每一步骤都应进行修约，时刻保持体积数据位数符合规范要求。（ × ）

37. 对于保温罐，假定油气空间和液体空间与罐内液体具有相同的温度，而且油罐检尺口总高整体膨胀或收缩，在油气空间的测空量油尺也膨胀或收缩。用检尺口总高减去观测空高，再乘以修正系数，计算出实际的油品实高。（ √ ）

38. 流量计系数是油品通过流量计的实际体积（或质量）与流量计指示体积（或质量）的比值。（ √ ）

39. 汽油空气浮力修正系数是指将汽油在真空中质量换算到空气中质量的换算系数，也称为质量换算系数，一般取 0.9985。(√)
40. 柴油空气浮力修正系数是指将柴油在真空中质量换算到空气中质量的换算系数，也称为质量换算系数，一般取 0.9985。(×)
41. 默认误差为平均分布的数据计算只能使用靠近法。(×)
42. 铁路槽车来油按每车取样测密度后计算质量或按等比例体积组合所取得各车油样，作为整列车油品密度。(√)
43. 混油管段罐存量计算应按照油头所在位置，将前后油品按管线体积分别计算油品质量。(√)
44. 管输油品盘点过程中，管线存量体积受温度、压力和取样代表性的影响，需要修正到标准温度进行计算。(√)
45. 按照销售公司制度，油库发油体积应修正到流量计处油品温度，便于判断油品超耗，降低虚假损耗。(×)
46. 发油温度比收油温度高，若不进行温度补偿，会导致收油量偏大，形成虚假溢余，掩盖真实损耗，给企业造成损失。(×)
47. 为确认加油枪发油足量，用标准罐对加油机进行检定或校准时，应将标准罐容量体积修正到标准温度。(√)
48. 为确认发油流量计发油足量，用标准罐对流量计进行检定或校准时，不进行温度修正。(×)
49. 发油质量流量计的重复性采用各检定点的重复性的平均值。(×)
50. 由于我国散装油品主要按油品的质量结算，因此在计算带有浮顶的立式圆筒形油罐内的毛计量体积时，可以不扣除浮顶排液体积，而是在计算油品毛表观质量时再扣除浮顶的表观质量。(√)
51. 油罐计量过程中当测量的上中下三点温度之间最大差异为 1.2℃时，则判断该罐油品出现温度分层。(√)
52. 为确认加油枪发油足量，用标准罐对加油机进行检定或校准时，应将标准罐容量体积修正到标准温度。(√)
53. 油罐计量过程中当测量的上中下三点密度之间最大差异为 $1.2\mathrm{kg/m^3}$ 时，则判断该罐油品出现分层。(√)
54. 乙醇汽油温度由乙醇温度和组分汽油温度按照体积混合比例加权计算而得。(√)
55. 实验室测量油品密度时，当取样不止一个时，需对油品试验密度和试验温度进行算术平均计算后再查表计算标准密度。(×)

56. 测量油品密度时，当取样不止一个时，需对油品密度进行算术平均计算。(×)

57. 实验室测定油品密度过程中，若测量密度前后温度差异超过 1℃，应重新读取密度计和温度计读数。(×)

58. 管线油品温度通过读取在线温度变送器得到。(√)

59. 管线油品密度只能通过读取在线密度计标准密度得到。(×)

60. 油品温度分层，应以油罐上中下三点温度的平均值作为油罐计量温度。(×)

61. 油罐密度分层时混合密度应以取样密度乘以该样品所代表的油品体积权重进行计算而得。(√)

62. 铁路进货油品混合密度应为取样槽车油品密度按照代表样品体积权重进行加权计算而得。(√)

63. 已知视密度为 725.8kg/m^3，试温 15.0℃，查表 E2：

15℃密度/(kg/m^3)	20℃密度/(kg/m^3)
725.0	720.4
726.0	721.4

则查 E2 表得 20.0℃时的密度 725.9kg/m^3。(×)

64. 汽车罐车实高容积表，是指从罐底计量基准点向上按实高编制的容量表。(√)

65. 汽车罐车容积表，一般可按每厘米高度编制，也可按每毫米编制。(√)

66. 立式油罐容积表一般由分米容量表、厘米毫米容量表、静压力容量修正表和底量容量表组成。(√)

67. 小型油轮、油驳舱容表的单舱容量≤500m^3。(×)

68. 纵倾修正值用于补偿因油船纵向竖直面不垂直于水平面所引起的液位变化。(×)

69. 横倾修正值用于补偿因油船纵向竖直面不垂直于水平面所引起的液位变化。(√)

70. 标准金属量器检定时，不需要进行外观检测。(×)

71. 标准刻度是指在 20℃环境温度下，标准金属量器注入液体达到其标准容量时，液位对应计量颈的刻度值。(√)

72. 标准金属量器定量加注油品进行加油机自校时，在读取计量颈读数时，应对准玻璃管中油品弯月面下缘相切位置。(√)

73. 查石油计量表产品标准密度表（表 59B），若油品试验温度为 39.80℃，应查 40.00℃的对应温度。（ × ）

74. 查石油计量表产品标准密度表（表 59B），若油品试验温度为 39.00℃，视密度为 739.0kg/m^3，

59B 产品标准密度表

温度/℃ \ 密度/(kg/m^3)	737.0	739.0
39.00	755.8	757.8
39.25	756.0	758.0

则其标准密度为 755.8kg/m^3。（ × ）

75. 查石油计量表产品体积修正系数表（表 60B），若油品计量温度为 15.20℃，应查 15.25℃的对应温度。（ √ ）

76. 查石油计量表产品标准密度表（表 60B），若油品计量温度为 22.00℃，标准密度为 728.0kg/m^3，

60B 产品体积修正系数（VCF）表

温度/℃ \ VCF	728.0	730.0
22.00	0.9975	0.9975
22.25	0.9972	0.9972

则其 VCF 为 0.9975。（ √ ）

77. 对于非保温罐，其罐壁温度计算公式为 T_s = ［（6×T_1） +2×T_a］/8，其中 T_1 为罐内油品的平均温度，T_a 为油罐周围的环境空气温度。（ × ）

78. 已知某油品标准体积为 40.000m^3，其 VCF 为 0.9978，其计量体积是 40.000m^3。（ × ）

79. 已知某油品计量体积为 2000m^3，其 VCF 为 1.0012，标准密度为 745.8kg/m^3，其真空中的油品质量为 1493.390t。（ √ ）

80. 空气中油品质量计算公式为 V_t×VCF×ρ_{20}。（ × ）

81. 把油库发油流量计付油数量记录为 500.00L 是正确的。（ × ）

82. 当容积式流量计检定证书上给出流量计系数 MF，则其发油体积为 $V=V_t$×MF。（ √ ）

83. 质量流量计可以直接测得流体的体积。（ × ）

84. 不使用的量油尺长期存放时，需要收紧尺带，防止变形。（ × ）

85. 输送重质油品后，应及时处理凝固在管道和质量流量计内的重质油品，可以用扫线蒸汽通过流量计。（ × ）

86. 汽车罐车换装油品时，必须要对罐车卧罐进行内部清洗，验收合格后才能换装使用。（ ✓ ）

二、单项选择题

1. 夜间检尺时，手电筒应在（ A ）打开。

A. 罐下

B. 打开检尺口前

C. 随时

D. 读数时

2. 在容器顶部，进行检尺、测温和取样的开口为（ C ）。

A. 参照点

B. 检尺槽

C. 检尺口

D. 检尺板

3. 卧式油罐装有多个计量口时，必须选定（ B ）的计量口测量油高。

A. 通过油罐容积表中规定

B. 通过在检定周期内的油罐容积表中规定

C. 通过在使用的油罐容积表中规定

D. 通过在进出油的油罐容积表中规定

4. 铁路罐车在罐体顶部人孔盖铰链的（ C ）进行量油。

A. 侧面

B. 中间

C. 对面

D. 任意点

5. 油船舱上有两个以上计量口时，应在（ A ）的计量口进行量油。

A. 舱容表规定

B. 两个以上

C. 选择一个具有代表性

D. 靠近中心位置

6. 水高不超过（ D ）mm 时，应使用量水尺测量容器底水高。

A. 600

B. 500

C. 400

D. 300

7. 水高超过（ A ）mm 时，应使用量油尺测量容器底水高。

A. 300

B. 170

C. 160

D. 150

8. 当用示水膏或示水纸不能测量容器底水的高度时，可以用（ D ）方法测量。

A. 量油尺

B. 测水量油尺

C. 测深量油尺

D. 取样器

9. 用杯盒温度计测量容器内油品计量温度时，杯盒温度计建议浸没时间规定：标准密度 775kg/m^3、825kg/m^3的油品在杯盒运动、静止时的浸没时间分别是（ B ）min。

A. 2、10

B. 5、15

C. 7、12

D. 6、7

10. 卧式油罐装满油在油深 1/6、1/2、5/6 的上、中、下三点分别测量一个温度值，按（ A ）之和的 1/10 计算加权平均温度作为罐内平均温度。

A. 3 倍的上下和 4 倍的中部

B. 4 倍的上下和 2 倍的中部

C. 2 倍的上下和 6 倍的中部

D. 1 倍的上下和 8 倍的中部

11. 用杯盒温度计测量铁路油罐车计量温度，按规定读取记录温度计的读数，该温度通常就作为车载容器内的（ A ）。

A. 平均温度

B. 液面下 1/6 处测量点的温度

C. 液面下 1/2 处测量点的温度

D. 液面下 5/6 处测量点的温度

12. 通常在测量汽车罐车时，只测量（ A ）位置油品温度。

A. 油罐车油品一半体积所对应的深度

B. 油罐车油高一半深度所对应的体积

C. 油罐车油水总高一半深度所对应的体积

D. 油罐车一半体积所对应的油水总高

13. 油船油品深度大于 4.5mm，测量油品温度时，最少测量点数（ C ）个。

A. 1

B. 2

C. 3

D. 4

14. 混合式油罐测量系统主要由自动液位计、（ B ）、压力变送器和混合处理器四部分组成。

A. HTMS

B. ATT

C. ALG

D. HRP

15. 用于试验的试样，必须对被取样油品具有（ A ）。要保证做到这一点，有许多注意的事项。它们取决于石油及石油液体产品的特性，被取样的油罐和管线以及对试样要进行试验的性质。

A. 代表性

B. 可靠性

C. 安全性

D. 稳定性

16. 成品油计量取样，一般使用（ C ）取样器。

A. 全层

B. 例行

C. 加重

D. 界面

17. （ A ）可以用于封闭样品瓶。

A. 软木塞

B. 硬木塞

C. 玻璃塞

D. 螺旋塞

18. 容器中油高不低于3m，上部取样部位在油面以下深度的（ A ）处。

A. 1/6

B. 1/5

C. 1/4

D. 1/3

19. 降落取样器或瓶和笼，直到其口部达到要求的深度，用适当的方法打开塞子，在（ A ）保持取样器具直到充满为止。

A. 要求的液面处

B. 液高的1/2处

C. 不包括水高的油高的1/2处

D. 油罐高的1/2处

20. 卧式圆筒形油罐取样液体深度在油罐直径的100%时，要求取样液面分别在罐底上方直径的（ D ），并按3、4、3比例份数组合。

A. 50%、80%、20%

B. 50%、20%、80%

C. 20%、50%、80%

D. 80%、50%、20%

21. 汽车油罐车取样部位在油面以下深度的（ A ）处。

A. 1/2

B. 1/3

C. 1/4

D. 1/5

22. 如必须把样品从取样器转移到容器中时，必须遵守适当的注意事项，以保持样品的（ C ）。

A. 温度变化小

B. 体积变化小

C. 完整性

D. 质量变化小

23. 要在被测样品物化特性合适的温度下取得密度计读数。这个温度是指（ B ）。

A. 计量温度

B. 试验温度

C. 油品温度

D. 环境温度

24. 流量计按测量（ C ）分为封闭管道流量计和敞开管道流量计。

A. 特点

B. 环境

C. 对象

D. 方法

25. 流量计的公称工作压力是指流量计在（ A ）压力。

A. 运行条件下长期工作所承受的最大

B. 运行条件下即时工作所承受的最大

C. 运行条件下瞬时工作所承受的最大

D. 运行条件下一般工作所承受的最大

26.（ A ）属于腰轮流量计密封连接部分。

A. 磁钢连接

B. 计量连接

C. 密封连接

D. 计数连接

27. 节流式流量计应安装在有恒定横截面积的（ A ）段圆直管道之间。

A. 二

B. 三

C. 四

D. 五

28. 涡轮流量计在一定的流量范围内，脉冲频率 f 与流经传感器的流体的瞬时流量 Q 成正比，流量方程为（ A ），K 为传感器的仪表系数［1/m］。

A. $Q=3600\times f/K$

B. $Q=360\times f/K$

C. $Q=36\times f/K$

D. $Q=3.6\times f/K$

29. 当称重物体或被称汽车停放在秤台上时，载荷通过秤体将重量传递给（ A ）。

A. 传感器

B. 微处理器

C. 滤波器

D. 显示器

30. 型号为 SCS10 电子汽车衡最大秤量是（ A ）t。

A. 10

B. 20

C. 30

D. 60

31. 电子轨道衡经过专用通道进行模拟放大（ D ）倍，然后传送到 A/D 采集卡上，通过软件读入到计算机。

A. 100~1

B. 1~10

C. 10~100

D. 100~1000

32. 需要作计量的车辆通过轨道衡的速度要求：通过时尽量保证匀速，速度（ A ）km/h，计量时禁止在轨道衡台面上停车、倒车，禁止急刹车。

A. 3~15

B. 4~16

C. 5~25

D. 6~30

33. （ B ）是指“为补偿系统误差而与未修正测量结果相乘的数字因子”。

A. 修正值表

B. 修正因子

C. 修正方程

D. 修正曲线

34. 量油尺修正值是以（ A ）提供的。

A. 修正值表

B. 修正因子

C. 修正方程

D. 修正曲线

35. 量油尺零位修正值是以零点至（ C ）处线纹之间的示值修正值。

A. 50mm

B. 100mm

C. 500mm

D. 1000mm

36. 温度计修正值是以（ A ）提供的。

A. 修正值表

B. 修正因子

C. 修正方程

D. 修正曲线

37. 密度计修正值是以（ A ）提供的。

A. 修正值表

B. 修正因子

C. 修正方程

D. 修正曲线

38. 液位测量值需精确到（ C ）。

A. 3mm

B. 2mm

C. 1mm

D. 0. 5mm

39. 温度计测量值需精确到（ B ）。

A. 1℃

B. 0. 1℃

C. 0. 01℃

D. 0. 001℃

40. 体积修正系数需精确到（ D ）。

A. 0. 1

B. 0. 01

C. 0. 001

D. 0. 0001

41. 标准密度表查表采用（ B ）。

A. 靠近法

B. 比例内插法

C. 体积修正系数

D. 空气浮力修正

42. 在油品计量工作中，油品质量常采用的单位为（ B ）。

A. 千吨

B. 千克

C. 克

D. 桶

43. 用量油尺测量液位高度时，如果测量时量油尺的温度不同于其检定温度，我国通常为标准温度 20℃，量油尺发生膨胀或收缩，则应将量油尺的观察读数修正到（ D ），以计算出实际液位高度。

A. 环境温度

B. 计量温度

C. 试验温度

D. 检定温度

44. 关于静态计量数据修约的要求，以下举例正确的是（ B ）。

A. 油品温度 25. 2℉

B. 油品密度 0. 7504g/cm^3

C. VCF 0. 998536

D. 质量 1500t

45. 下列数据查表中，不使用内插法的是（ D ）。

A. 卧式油罐容积表（厘米）

B. 玻璃温度计修正值选用

C. 玻璃密度计修正值使用

D. 静压力修正值选用

46. 船舱计量由于船的重心线与船板面不垂直，而需要对船舱液位进行（ A ）。

A. 纵倾修正

B. 压力修正

C. 温度修正

D. 体积修正

47. 量水尺的最小分度值为（ B ）。

A. 0. 5mm

B. 1mm

C. 2mm

D. 5mm

48. 卧式油罐收 92 号汽油进货，罐内原有 92 号汽油 10000L，油品温度为 18. 0℃，收油后罐内油品体积为 30000L，油品温度为 22. 0℃，则本次收到汽油的标准体积为（ A ）。

A. 19904L

B. 20000L

C. 20048L

D. 21904L

49. 油罐计量过程中，测得上中下三点计量温度分别为 15.0℃、15.5℃和 15.7℃，则该罐内油品计量温度为（ B ）。

A. 15.0℃

B. 15.4℃

C. 15.5℃

D. 15.7℃

50. 不属于石油计量表（GB/T 1885）的组成部分是（ D ）。

A. 标准密度表

B. 体积修正系数表

C. 其他石油计量表

D. 静压力修正表

51. 标准密度表的查询方法是（ A ）。

A. 先温度靠近法，后密度内插法

B. 先温度内插法，后密度靠近法

C. 内插法

D. 靠近法

52. 产品体积修正系数表的查询方法是（ A ）。

A. 先温度靠近法，后密度内插法

B. 先温度内插法，后密度靠近法

C. 内插法

D. 靠近法

53. 已知标准密度 725.8kg/m^3，查表 E1：

kg/m^3

20℃密度	15℃密度
725.0	729.6
726.0	730.6

得 15.0℃时的密度为（ B ）。

A. 729.4kg/m^3

B. 730.4kg/m^3

C. 729.8kg/m^3

D. 730.8kg/m^3

54. 已知视密度为 725.8kg/m^3，试温 15.0℃，查 E3 表：

15℃密度/(kg/m^3)	桶/t
725.0	8.695
726.0	8.683

求 15.0℃密度到桶的换算系数是（ B ）。

A. 8.6850 桶/t

B. 8.6854 桶/t

C. 8.6860 桶/t

D. 8.6895 桶/t

55. 1L 等于（ D ）加仑（美）。

A. 0.219965

B. 0.219975

C. 0.264168

D. 0.264178

56. 在各类铁路罐车容积表中，A、E 型车常装高度为（ C ）。

A. 2000～2400mm

B. 2200～2600mm

C. 2300～2700mm

D. 2500～2900mm

57. 简明铁路罐车容积表一般由（ B ）组成。

A. 基础表和小数表

B. 基础表和系数表

C. 系数表和小数表

D. 以上都不正确

58. 下列铁路罐车容积表达方法中，（ C ）最大。

A. V_Z

B. V_X

C. V_Q

D. V_K

59. 汽车罐车（车号为沪 B 35470）装油后测得空高 349mm，不考虑尺和罐的温度修正，求其 V_t是（ A ）。

附　　　　表号沪 B 35470 汽车罐车容积表

高度/cm	容积/L
……	……
35	5071
34	5111
……	……

A. 5075L

B. 5071L

C. 5080L

D. 5081L

60. 以下选项中，不属于卧式油罐容积表的组成部分是（ D ）。

A. 油罐号

B. 高度及对应容积

C. 参照总高

D. 油品名称

61. 10 号卧式油罐油水总高为 1375mm，无水，不考虑尺和罐的温度修正，求其 V_t是（ B ）。

附　　　　10 号卧式油罐容积表

高度/cm	容积/L
……	……
137	27264
138	27496
……	……

A. 27264L

B. 27380L

C. 27368L

D. 27496L

62. 5 号立式油罐油高为 11650mm，不考虑尺和罐的温度修正，查分米容量表得出体积是（ C ）。

附

5 号立式油罐容积表

高度/dm	容积/L
……	……
116.00	2640990
117.00	2663729
……	……

A. 2640990L

B. 2663729L

C. 2652360L

D. 2652359L

63. 5 号立式油罐油水总高为 11576mm，无水，不考虑尺和罐的温度修正，查厘米毫米容量表得出体积是（ C ）。

附表：5 号立式油罐容积表

起止点/dm	高度/cm	容量/L	高度/mm	容量/L
103.17	1	2274	1	227
	2	4548	2	455
	3	6821	3	682
	4	9095	4	910
	5	11369	5	1137
	6	13643	6	1364
	7	15917	7	1592
	8	18190	8	1819
117.74	9	20464	9	2046

A. 15917L

B. 18190L

C. 17281L

D. 17509L

64. 某立式油罐装有油品，已知油品标密为 0.8420kg/dm^3，VCF 为 1.0036，通过油品液位高度查静压力容量修正表得知装水引起的罐静压力容量增大值为 2031L，求其油品引起的静压力容量增大值为（ B ）。

A. 1710L

B. 1716L

C. 2038L

D. 以上答案都不正确

65. 5 号立式油罐装有柴油，已知水位高度为 16mm，其 V_s是（ B ）。

附表：底量容量表

mm / cm	0	1	2	3	4	5	6	7	8	9
……										
1	5574	5750	5926	6105	6285	6464	6644	6823	7006	7189
……										

A. 6464L

B. 6644L

C. 6823L

D. 以上答案都不正确

66. 关于如何取得油船纵倾值和横倾值，下列说法正确的是（ A ）。

A. 通过分别读取水平面与船艏和船艉的吃水标尺线的相交刻度数据，然后计算得到纵倾值

B. 通过油船纵倾测量仪，测量得到纵倾值

C. 通过油船横向倾斜测量仪，测量得到纵倾值

D. 通过油船左右吃水差，经过计算得到横倾值

67. 一般标准金属量器的材质为（ C ）。

A. 铜质

B. 铁质

C. 不锈钢

D. 铝制

68. 标准金属量器计量颈单位分度容积为 1.96mL/mm，计量颈刻度读数为 67.48mm，不考虑温度修正，其计量颈部分液体容积是（ B ）。

A. 0.0665L

B. 0.132L

C. 0.067L

D. 0.1300L

69. 20L 标准金属量器定量加注 20L 汽油，计量颈读数为 56.70mm，其标准刻度为 100.00mm，单位刻度容积为 1.680mL/mm，标准金属量器罐壁温度修

正系数为 5×10^{-5}℃$^{-1}$，计量颈中间部位测得温度为 22.0℃，不考虑油品温度修正，标准金属量器实际装油体积是（ C ）。

A. 19.9L

B. 19.925L

C. 19.929L

D. 以上答案都不正确

70. 20L 标准金属量器定量加注 20L 汽油，计量颈读数为 120.00mm，其标准刻度为 100.00mm，单位刻度容积为 1.400mL/mm，油品温度修正系数为 1.2×10^{-3}℃$^{-1}$，计量颈中间部位测得温度为 25.0℃，加油机油枪出口温度为 27.0℃，不考虑标准容器罐壁温度修正，标准金属量器实际装油体积是（ D ）。

A. 19.980L

B. 20.0L

C. 20.028L

D. 20.076L

71. 某油罐油品液位高度为 3.5m，其油品深度 1/6 处测得温度为 18.80℃、油品深度 1/2 处测得温度为 18.80℃、油品深度 5/6 处测得温度为 19.70℃，不考虑罐壁温度影响，其油品平均温度为（ C ）。

A. 18.50℃

B. 19.00℃

C. 19.10℃

D. 19.70℃

72. 某油船装有标准体积 800m^3、标准密度 715.0kg/m^3 92 号汽油，准备卸入 5 号油罐中，该罐存油标准体积 1200m^3标准密度 721.0kg/m^3，求：若油船中油品全部卸入 5 号油罐后，其油品理论标准密度是（ B ）。

A. 719.0kg/m^3

B. 718.6kg/m^3

C. 719.4kg/m^3

D. 715.2kg/m^3

73. 已知某卧式油罐油品液位仪高度为 1.985m，该油罐罐容表液高 1.980m 处容积为 23650L，液高 1.990m 处容积为 23760L，该油罐内油品体积是（ B ）。

A. 23710L

B. 23705L

C. 23700L

D. 23650L

74. 进行加油机付油数量应记录为（ C ）。

A. 20. 05L

B. 18L

C. 55. 6L

D. 42. 385L

75. 发罐车 12t 油，分别用 0. 2 级的体积流量计、0. 2 级的质量流量计和目前油库使用的汽车衡来计量，按其最大允许误差来分析，其发油准确度从高到低排列是（ C ）。

A. 体积流量计=质量流量计>汽车衡

B. 体积流量计>质量流量计>汽车衡

C. 质量流量计>体积流量计>汽车衡

D. 汽车衡>体积流量计=质量流量计

76. 检查中发现玻璃水银温度计的水银柱断裂（或断珠），再次接上水银柱后，温度计（ D ）。

A. 必须校准后使用

B. 可以直接使用

C. 不再可以使用

D. 必须检定后使用

77. 油品密度测量可以在（ D ）进行。

A. 罐顶

B. 罐区

C. 栈桥

D. 检测室

78. 流量计按测量方法可分为容积式流量计、速度式流量计、差压式流量计、（ A ）、超声波流量和电磁流量计。

A. 质量流量计

B. 刮板流量计

C. 涡轮流量计

D. 腰轮流量计

79. 流量计发油时，要先打开流量计的（ B ）阀门，再打开流量计的

（ B ）阀门。停止运行时，要先关闭流量的（ B ）阀门，再关闭流量计的（ B ）阀门。

A. 上游、下游、上游、下游

B. 上游、下游、下游、上游

C. 下游、上游、下游、上游

D. 下游、上游、上游、下游

80. 螺旋双转子流量计机械误差调整装置，微调可调到（ C ）。

A. 0. 01%

B. 0. 02%

C. 0. 05%

D. 0. 08%

81. 在使用杯盒式保温盒时，杯盒中温度计的感温泡到杯壁的最近距离应不小于（ B ）mm。

A. 5

B. 10

C. 15

D. 20

82. 为保证油罐使用安全，一般情况下，油罐呼吸阀和（ B ）一起安装在罐顶使用。

A. 泡沫室

B. 阻火器

C. 液压安全阀

D. 安全阀

中 级 工

基 础 知 识

一、判断题（正确的画✓，错误的画×）

1. 随机误差可用修正值法减少。（ × ）
2. 若测量次数无限增加，则算术平均值必然趋近于真实值。（ ✓ ）
3. 计量的修约规则为：四舍五入。（ × ）
4. 应用 GB/T19779 计算金属罐油量时，不论罐的形状如何，只要可获得内部液体的毛计量体积（V_{go}），就能根据其他测量参数计算出油量。（ ✓ ）
5. 死量是指下计量基准点水平面以下的容积。（ ✓ ）
6. 保温罐的罐壁温度可以用罐内油温代替。（ ✓ ）
7. 玻璃液体温度计读数时，要严格使视线在水平面上与温度计液柱规定部位相交。（ × ）
8. 容量表编制是按照容器的形状、几何尺寸及容器内的附件体积等技术资料为依据，经过实际测量、计算后编制的。（ ✓ ）
9. 流量对时间的积分称为流速。（ × ）
10. 流速的计量单位可以是 km/h。（ ✓ ）
11. 润滑油的作用一般有润滑、冷却、冲洗、密封、保护、减振、卸荷 7 个作用。（ ✓ ）
12. 常见的凡士林是石蜡的一种。（ ✓ ）
13. 柴油冷滤点的高低与蜡含量无关。（ × ）
14. 油品的低温性能是一个重要的质量标准，它直接影响油品的输送、储存和使用条件。（ ✓ ）
15. 原油比热容是原油的一个重要热力学参数。（ ✓ ）
16. 石油产品可以以固态、液态、气态三种状态中任意两种的混合物相态存在。（ ✓ ）
17. 平均流速指在单位时间内流过单位过流断面的液体体积。（ ✓ ）
18. 离心泵的 $N-Q$ 曲线是选择电动机功率和指导泵启动操作的主要依据。

（ ✓ ）

19. 在一个建筑物内，防雷接地、电气设备接地和信息系统设备接地宜采用共用接地系统，其接地电阻值不应大于1Ω。（ ✓ ）

20. 电工学指研究电磁领域的客观规律及其应用的科学技术，以及电力生产和电工制造两大工业生产体系。（ ✓ ）

21. 电荷为物体或构成物体的质点所带的正电或负电，带正电的粒子叫正电荷（表示符号为“+”），带负电的粒子叫负电荷（表示符号为“-”）。（ ✓ ）

22. 欧姆定律的简述是：在同一电路中，通过某段导体的电流跟这段导体两端的电压成反比，跟这段导体的电阻成正比。（ × ）

23. 一次仪表在自动检测、自动调节系统中首先接触被测参数，如压力、差压、液位、流量、温度等，并将将被测参数转换成可侧信号或标准信号，然后根据检测、调节系统的要求送入有关单元进行显示或调节。（ ✓ ）

24. 一次仪表还具备显示被测参数的结构，但多数是将被测参数转换成标准输出信号送给显示仪表，由显示仪表进行指示、记录、报警或计算，显示仪表相对一次仪表而言称为二次仪表，一般集中安装在控制室的仪表盘上。（ ✓ ）

25. 质量流量计应用范围广，可以测量高黏度和含有固体颗粒的介质。（ ✓ ）

二、单项选择题

1. 计量是实现（ D ）统一，（ D ）准确可靠的活动。

A. 量值　　单位

B. 数字　　单位

C. 重量　　量值

D. 单位　　量值

2. 随机误差是指（ A ）与在重复条件下，对同一被测量进行无限多次测量所得结果的平均值之差。

A. 测量结果

B. 测量误差

C. 相对误差

D. 系统误差

3. 油品计量时由测量者粗心产生的误差称为（ A ）。

A. 粗大误差

B. 系统误差

C. 相对误差

D. 随机误差

4. 修正结果是指（ D ）修正后的测量结果。

A. 随机误差

B. 相对误差

C. 粗大误差

D. 系统误差

5. 以下说法正确的是（ A ）。

A. 底量是指罐底最高点水平面以下的容量。

B. 底量是指下计量基准点水平面以下的容积。

C. 底量是指浮盘最低点水平面以下的容积。

D. 底量是指浮盘下计量基准点以下的容积。

6. 编制油罐静压力容积修正表时所用的标定介质一般是（ A ）。

A. 水

B. 汽油

C. 空气

D. 所储存油品

7. 静压力修正值表的作用是（ B ）。

A. 修正储罐内所产生的静压力

B. 修正由储罐内油品高度所产生的静压力的罐体膨胀体积

C. 修正储罐内盛水时所产生的静压力

D. 修正标定液所产生的静压力增大

8. 将 10. 625485 保留 5 位有效数字为（ D ）。

A. 10. 62548

B. 10. 62549

C. 10. 626

D. 10. 625

9. 1℃等于（ D ）℉。

A. 273. 15

B. 32. 0

C. 32. 8

D. 33. 8

10. 动力黏度的计量单位是由 SI 组合形式的单位构成，其符号为（ B ）。

A. m^2/s

B. Pa · s

C. kgf · s/m^2

D. P

11. 建筑沥青按（ A ）分为 10 号、30 号沥青。

A. 针入度

B. 熔点

C. 凝点

D. 软化点

12. 管道内壁（ B ），越易结蜡。

A. 光滑度越大

B. 粗糙度越大

C. 粗糙度越小

D. 弯头较多

13. 燃料热值也叫燃料发热量，是指（ A ）或（ B ）的燃料完全燃烧，燃烧产物冷却到燃烧前的温度（一般为环境温度）时所释放出来的热量。

A. 单位质量

B. 单位体积

C. 未知数量

D. 未知体积

14. （ C ）指水在渗流场内运动过程中各个运动要素（水位、流速、流向等）随时间改变的水流运动。

A. 流速

B. 絮流

C. 定常流

D. 层流

15. 伯努利方程在本质上是（ B ）的转换与守恒。

A. 动能

B. 机械能

C. 热能

D. 流速

16. 液体黏度大对泵性能的影响是（ B ）。

A. 泵的扬程不变，流量不变，轴功率增大
B. 泵的扬程低，流量减少，轴功率增大
C. 泵的扬程不变，流量不变，轴功率减少
D. 泵的扬程减少，流量不变，轴功率增大

17. “从泵到泵”输油工艺流程的特点是（ B ）。
A. 各站输量可以不等
B. 充分利用各站余压
C. 自动调节要求不高
D. 参数调整互不干扰

18. 不属于 HSE 包含意思是（ C ）。
A. 健康
B. 安全
C. 幸福
D. 环境

19. 立式油罐（ B ）是指在确保安全又不影响灭火效果的情况下，油罐的最大储油高度。
A. 全体积
B. 最大安全高度
C. 上计量基准点
D. 参照高度

20.（ D ）是指在满足设备正常工作需求下的最大压力。
A. 最高压力
B. 工作压力
C. 正常压力
D. 额定压力

21. 联锁保护周期校验应（ B ）开展一次。
A. 1 年
B. 2 年
C. 3 年
D. 4 年

22. 在发生事故时，正确分析、判断事故发展趋势，按（ B ）正确处理，并保护好现场，做好详细记录，及时如实报告。
A. HSE 责任制

B. 事故应急预案

C. 事故事件管理办法

D. 领导指令

23. 下列说法错误的是（ C ）。

A. 安全电压是指不致使人直接致死或致残的电压，一般环境条件下允许持续接触的“安全特低电压”是 36V

B. 安全电压的标称电压不超过交流 50V、直流 120V

C. 通过 90mA 以上的电流，就能引起心脏麻痹、心房停止跳动，直至死亡

D. 国家标准 GB 3805—1983《安全电压》规定我国安全电压额定值的等级为 42V、36V、24V、12V 和 6V，应根据作业场所、操作员条件、使用方式、供电方式、线路状况等因素选用

24. 下列说法错误的是（ B ）。

A. 磁场具有波粒的辐射特性

B. 磁场是客观存在的，磁场是由原子或分子组成的

C. 磁体周围存在磁场，磁体间的相互作用就是以磁场作为媒介的，所以两磁体不用接触就能发生作用

D. 恒定磁场磁场强度和方向保持不变的磁场称为恒定磁场或恒磁场

25. 在温度仪表中，结构简单，使用方便，测量精确，但容易损坏，不能远传记录的是（ A ）。

A. 工业玻璃温度计

B. 双金属温度计

C. 压力式温度计

D. 热电阻

26. 下列说法正确的是（ A ）。

A. 更换压力表前，要选用校验合格的压力表，再选择合适的量程

B. 更换压力表前要选择量程合适的压力表

C. 压力传感器不能测量油水界面，但能通过测量计算得到罐内油品质量

D. 压力传感器不需要定时校零和放积液

27. 雷达液位计向被测介质发射的是（ A ）。

A. 微波

B. 可见光

C. 超声波

D. 标准源

28. 下列说法正确的是（ A ）。

A. 腰轮流量计属于容积式流量计

B. 腰轮流量计不属于容积式流量计

C. 涡轮流量计是容积式流量计，它的仪表常数是在常温下用水标定而得到的

D. 容积式流量计不是靠入口压力和出口压力之间的压差推动转子转动来测量的

三、多项选择题

1. 以下说法正确的是（ BCD ）。

A. 压力的单位符号为帕斯卡

B. 压力的单位符号为 Pa

C. 1 帕斯卡等于 1 牛顿每平方米

D. 压力的单位名称为帕

2. 下列说法正确的是（ AB ）。

A. 运动黏度是动力黏度与相同温度压力下该流体密度的比值

B. 厘米^2/秒是运动黏度的单位

C. 黏度随温度变化越小，表示其黏温特性越差

D. 运动黏度的单位是厘泊

3. 下列说法正确的是（ ABD ）。

A. 克/厘米秒是动力黏度的单位

B. 动力黏度也就是物理黏度

C. 厘米^2/秒是动力黏度的单位

D. 动力黏度就是绝对黏度

4. 下列说法正确的是（ ABD ）。

A. 相对密度较大的液体化工样品适宜于选用加重型采样器

B. 原油的密度是衡量原油质量的指标之一

C. 相对密度较大的液体化工样品适宜于选用普通型采样器

D. 原油单位体积内所具有的重量，称为原油的密度

5. 油品绝大多数都是易燃易爆的物质，其（ ABD ）指标越低，越容易燃烧。

A. 闪点

B. 燃点

C. 凝点

D. 自燃点

6. 流体运动分为（ BD ）。

A. 平流

B. 层流

C. 直流

D. 湍流

7. 长输管道首站的主要任务是（ BC ）。

A. 向油库下载油品

B. 油品加压

C. 接收油品

D. 处理混油

8. 下列说法错误的是（ ACD ）。

A. 油罐须有防雷的装置，每年做一次测试

B. 油罐须有防雷的装置，每年春、秋各做一次测试

C. 润滑油罐须有防雷的装置每个季度做一次测试

D. 油罐须有防雷的装置，每月做一次测试

9. 下列说法正确的是（ AB ）。

A. 两种不同物质摩擦就能够产生静电

B. 油品在流动过程中自身摩擦产生静电

C. 计量员在测量油高、水高时，不会产生静电

D. 装卸油时初速度不得大于 2m/s

10. 自动计量系统对密度结果的测量也可应用（ ABCD ）测量代替。

A. 人工计量方式

B. 伺服密度测量

C. 便携式密度计

D. 罐下压力变送器

相 关 知 识

一、判断题（正确的画√，错误的画×）

1. 浮顶罐的结构一般有单盘式和双盘式两种类型。（ √ ）

2. 检尺时使用的照明灯应是防爆型的。（ √ ）

3. 石油密度计的干管直径不应小于 5mm。（ × ）

4. 立式金属罐容积表由主表和附表两部分组成。（ × ）

5. 玻璃液体温度计按使用时的浸没深度分成全浸和局浸两种。（ √ ）

6. SY-02、SY-05 和 SY-10 三个系列的石油密度计可测定 20℃，密度范围 600~1200kg/m^{3}的原油和液体石油产品。（ × ）

7. 自动液位计“高液位报警值”指油罐油位接近高液位报警极限前系统发出预警的油位高度。（ × ）

8. 加油站自动液位计量系统“低液位报警值”可以通过输入体积或液位高度来设置。（ √ ）

9. 磁致伸缩式液位仪探棒通常装有油浮子、水浮子和温度传感器。（ √ ）

10. 磁致伸缩式液位仪一般由探棒和控制台或探棒、控制台和微机组成。（ √ ）

11. 按控制台技术功能，磁致伸缩式液位仪分为：基本型、环保测漏型、智慧型、网络型等。（ √ ）

12. 磁致伸缩效应是指铁滋材料在内磁场作用下磁化，而使其形状发生变化（沿磁场方向伸长或缩短），但体积保持不变的现象。（ × ）

13. 浮筒式液位计在现场一般采用灌液法进行校验。（ √ ）

14. 测量水高应和测量油高在同一部位进行。（ √ ）

15. 在公路油罐车测量水高只能用量水尺或量油尺。（ √ ）

16. 每个油船舱的容积表都是一样的。（ × ）

17. 用于油品计量的温度测量，应使用最小分度值为 0.3℃的温度计。（ × ）

18. 铁路罐车计量中，测温部位和采样部位在罐内油品高度的 1/2 处。（ √ ）

19. 当使用分读值为1℃的3号油罐温度计时，如果估读温度为73.3℃，则取温度73.5℃报告结果。（ √ ）

20. 当数字温度计的测温棒进入油品某液位时，若测温元件的温度和油品温度达到平衡，则数字温度计就显示油品罐外温度。（ × ）

21. GB/T 4756规定的取样方法不适用于特殊石油产品的特殊性质分析的取样。（ √ ）

22. 对于非均匀油品，连续自动管线取样是最好的方法。（ √ ）

23. 经检定过的容器计量口，需要改装拆换转动时，应经计量检定部门同意并对参照高度作相应的更正。（ √ ）

24. 用分度值为0.2℃的全浸式一般用途玻璃液体温度计在测量-30℃至100℃范围的有机液体时，其最大允许误差为±0.5℃。（ √ ）

25. 分度值为0.5kg/m^3的石油密度计的最大允许误差为±0.6个分度值。（ √ ）

26. 液位仪油高与人工计量比对，要求在油罐液位的高、中、低三个液位进行，并要求在一次液位上升、一次液位下降过程中进行，比对之差不大于±3mm，重复性误差不大于±1mm。（ √ ）

27. 油罐自动温度计的测温点数和位置与人工测温进行比对，两者每点测温之差不大于±0.5℃。（ √ ）

28. 利用压力传感器测量油品作用在罐底部静压的方法可测得油品的质量，还可测出液位的高度和油品密度。（ √ ）

29. 伺服液位计通过指令使带密度测量功能的浮子停在液体的特定位置，力传感器检测此时的浮子重量，然后通过浮子体积、浮子重量与在液体中的浮子重量可计算出此位置的液体密度。（ √ ）

30. 区间管线存量的计算方法为，区间管线存量=区间管线容积×VCF×（标准密度-1.1）。（ √ ）

31. 工作玻璃浮计的检定周期为1年，但根据其使用及稳定性等情况可为2年。（ √ ）

32. 计量用卧式罐的检定周期最长不超过3年。（ × ）

33. 科里奥利质量流量计的检定周期一般不超过1年，无等级区别。（ × ）

34. 量水尺的材料为撞击不产生火花的金属，一般不检定，但建议到省市公司检定中心做校准，量水尺干净、锤底无磨损。（ √ ）

35. 为保证量值传递的准确性，一等金属量器由国家容量基准进行检定，其他金属量器不需检定。（ × ）

36. 对于立式罐，在收发作业时，罐所排出或注入的最小液体体积，一般为1m液位高度所对应的液体容量。(×)

37. 油库的发油密度可取油罐车的密度作为发油密度。(√)

38. 计重密度（Gt）是油品单位体积重量，也称油库付油密度，用于出库流量计付油时油品吨（t）与升（L）的折算。(√)

39. 油库按季度进行手工计量盘点。盘点时要确认相关数据，做到账账、账实、账单相符。(×)

40. 管道运输混油是顺序输送管道内相邻两个批次首尾相接的区域（交接区）内的油品，该段油品为前后两种油品的混合物。(√)

41. 油库三核对工作为每日核对罐发量、流量计发量及提单数，并填写发油核对表，发现有异常，应及时查明原因。(√)

42. 加油机单次误差率为（示值-真值）/真值×100%。(√)

43. 加油机的重复性为各检定点中误差绝对值最大者。(×)

44. 加油站地罐进货体积误差计算中，补偿温度=地罐收油后温度-出库温度。(×)

45. 加油站月度（季度、年度）盘点不用手工计量数据，以液位仪计量数据为准。(×)

46. 玻璃液体温度计读数时，要严格使视线在水平面上与温度计液柱规定部位相交。(×)

47. 使用电热恒温水浴锅应随时注意水箱是否有渗漏现象。(√)

48. 密度测量时应用采集的油样先洗涤测量量筒，以保证油样的代表性。(√)

49. 调整质量流量计零点时应切断下游阀，并确保无泄漏。(√)

50. 流量测量变换器是将油品的流动量转换为机械转动信号送给编码器的部件。(√)

51. 加油机的潜油泵具有油液止回功能，可以防止管路中的油品流回油罐，所以在潜油泵前不需要安装单向阀。(×)

52. 给汽车加油时，汽油枪的罩子要完全罩住汽车油箱口，目的是为了更好地提高油气回收效率。(√)

53. 加油机的汽油胶管使用时可以随意弯折。(×)

二、单项选择题

1. 自动液位计量系统的管理软件是（ B ）。

A. WindowsMe

B. 加油站自动计量管理系统

C. Windows2000

D. Linux

2. 一般来说，在使用示水膏时，重质油需浸没（ A ）s。

A. 1030

B. 810

C. 59

D. 68

3. 测量水高应和测量油高在同一部位进行。这个同一部位是指（ A ）。

A. 待尺子尺砣快触底直到触底再提起期间尺子或绳子都必须紧贴参照点

B. 待尺子尺砣快触底直到触底再提起期间尺子或绳子都必须紧贴和测量油高一样的参照点

C. 待尺子尺砣快触底直到触底再提起期间尺子或绳子都必须紧贴和测量油高不一样的参照点

D. 待尺子尺砣快触底直到触底再提起期间尺子或绳子不必紧贴参照点

4. 自动油罐温度计的英文缩写是（ D ）。

A. HTMS

B. ALG

C. ALT

D. ATT

5. 自动取样时箱内的（ D ）个取样阀手柄要置于垂直位置，此时各取样出口被切断，循环流程打通。

A. 二

B. 三

C. 四

D. 五

6. 对于输油管线中输送的石油或液体石油产品，输油量不超过 $1000m^3$，其流量比例样是（ A ）且把所采取的样品以相等的体积掺合成一份组合样。

A. 在输油开始时和结束时各采 1 次

B. 只在输油开始时采 1 次

C. 只在输油结束时采 1 次

D. 每隔 10 分钟采 1 次

7. 测深钢卷尺尺带和测深尺砣组合后零点基准面到 500mm 线纹处的最大允许误差为（ A ）。

A. ±0. 5mm

B. ±0. 2mm

C. ±0. 5cm

D. ±0. 2cm

8. 测深钢卷尺毫米分度的示值最大允许误差为（ A ）。

A. ±0. 1mm

B. ±0. 5mm

C. ±0. 2mm

D. ±0. 3mm

9. 使用中的量油尺的检定周期最长不得超过（ D ）。

A. 3 年

B. 0. 5 年

C. 2 年

D. 1 年

10. 油罐非计量段的下限为（ A ）。

A. 液位上升至液位接触浮盘底部

B. 液位上升超过浮盘底部，浮盘未起浮

C. 液位上升至浮盘起浮

D. 液位低于浮盘底部

11. 根据 GB/T 8927—2008 标准，玻璃液体温度计的重新校准周期应不超过（ B ）。

A. 2 年

B. 5 年

C. 半年

D. 3 年

12. 压力变送器的检定周期可根据（ C ）来确定。

A. 使用差异条件、频繁程度和便携性

B. 使用环境条件、使用方式和差异度

C. 使用环境条件、频繁程度和重要性

D. 使用差异条件、使用方式和是否为二次检定

13. 立式金属罐检定周期，首次检定一般不超过（ A ）年，后续检定一般不

超过 4 年。

A. 2 年

B. 1 年

C. 3 年

D. 2 年半

14. 汽车罐容积的检定周期为（ B ）。

A. 1 年

B. 首次 1 年，后续 2 年

C. 2 年

D. 首次 1 年，后续 3 年

15. 加油站卧式金属罐的安全容积为（ C ）。

A. 最大容积的 75%

B. 最大容积的 85%

C. 最大容积的 95%

D. 最大容积的 100%

16. 加油站进货地罐交接允差率为（ B ）。

A. ±0. 20%

B. ±0. 30%

C. ±0. 45%

D. ±0. 60%

17. 无风险加油机判定标准为（ A ）。

A. −0. 15%≤自校（检定）基本误差≤0. 15%

B. 0. 15%<自校（检定）基本误差≤0. 25%，或−0. 25%≤自校（检定）基本误差<−0. 15%

C. 0. 25%<自校（检定）基本误差≤0. 30%或−0. 30%≤自校（检定）基本误差<−0. 25%

D. 高风险区域中，部分在一个强检周期内多次调整或调整过后，在一个强检周期内基本误差又超出±0. 25%范围

18. 加油机某次自校验结果为基本误差+0. 08%，判定加油机为（ A ）。

A. 无风险

B. 可控风险

C. 高风险

D. 特高风险

19. 加油机可控风险自校（检定）基本误差范围为（ B ）。

A. −0. 15%≤误差≤+0. 15%

B. −0. 25%<误差<−0. 15%，或+0. 15%<误差<+0. 25%

C. −0. 30%≤误差≤−0. 25%，或+0. 25%≤误差≤+0. 30%

D. 一个强检周期内误差≤−0. 25%（或）误差≥+0. 25%

20. 加油机高风险自校（检定）基本误差范围为（ D ）。

A. −0. 15%≤误差≤+0. 15%

B. −0. 25%<误差<−0. 15%，或+0. 15%<误差<+0. 25%

C. −0. 30%≤误差≤−0. 25%，或+0. 25%≤误差≤+0. 30%

D. 一个强检周期内误差≤−0. 25%（或）误差≥+0. 25%

21. 流量计准确度等级可分为（ D ）种。

A. 3

B. 4

C. 5

D. 6

22. 一等标准金属量器最大允许误差为（ D ）。

A. $\pm 2.5\times10^{-4}$

B. $\pm 3.5\times10^{-4}$

C. $\pm 4\times10^{-4}$

D. $\pm 5\times10^{-5}$

23. 已知 $\rho'_{18.5}=731.5\mathrm{kg/m^3}$，求 ρ_{20} =（ B ）$\mathrm{kg/m^3}$。

附表：20℃标准密度表

温度/℃ \ 视密度/(kg/m³)	729.0	731.0	733.0
18.25	727.4	729.4	731.4
18.50	727.7	729.7	731.7
18.75	727.9	729.9	731.9

A. 730. 3

B. 730. 2

C. 730. 1

D. 730. 0

24. 已知 $\rho_{20}=726.3\mathrm{kg/m^3}$，$t=25.8$℃，求 VCF =（ A ）。

附表：20℃体积修正系数（VCF）表

温度/℃ \ 20℃密度/(kg/m³)	726.0	728.0
25.50	0.9930	0.9931
25.75	0.9927	0.9928
26.00	0.9924	0.9924

A. 0.99272

B. 0.99273

C. 0.99274

D. 0.99275

25. 罐车表号 A547，罐内油品高度为 2648mm（器具已修正，不考虑量油尺和罐的温度修正），无水，油品的体积是（ A ）L。

表号：A500-599		
高度/mm	容积/L	系数
2649	59545	29.3788
2648	59533	29.3737
2647	59520	29.3687

A. 60914

B. 60915

C. 60916

D. 60917

26. 车号为粤 A 14380 汽车油罐车，测得油水总高为 1053mm，水高为 5mm，求罐内的油水体积是（ A ）L。（器具已修正，不考虑量油尺和罐的温度修正）

单位：　　车号：粤 A 14380　　参照高度：1333mm

高度/cm	容积/L	高度/cm	容积/L	高度/cm	容积/L	高度/cm	容积/L
1	18	88	4288	95	4597	102	4858
2	36	89	4330	96	4635	103	4882
3	54	90	4382	97	4673	104	4912
4	72	91	4427	98	4711	105	4940
5	93	92	4473	99	4743	106	4964

续表

高度/cm	容积/L	高度/cm	容积/L	高度/cm	容积/L	高度/cm	容积/L
6	112	93	4571	100	4787	107	4984
7	142	94	4577	101	4821	108	5009

A. 4938

B. 4939

C. 4950

D. 4951

27. 10 号卧式罐油水总高 1.765m，求 10 号罐的油水总容积是（ D ）L。（卧罐、量油尺的温度修正可以忽略）

A. 36186

B. 36185

C. 36184

D. 36183

高度/cm	容积/L
175	35858
176	36075
177	36291

28. 用 423 号立式金属罐储存 92 号车用汽油，测得其油水总高为 12.037m，油温为 27.8℃，视密度为 723.7kg/m^3，试验温度为 26.2℃，环境温度为 28.4℃，求罐内储存油品的容积为（ B ）m^3。（器具已修正，不考虑量油尺温度修正）

A. 2003.252

B. 1984.599

C. 2006.375

D. 2536.569

附表 1：20℃标准密度表（kg/m^3）

温度/℃ \ 视密度/(kg/m^3)	723.0	725.0
26.0	728.4	730.4
26.25	728.6	730.6
26.5	728.8	730.8

附表 2：20℃体积修正系数（VCF）表

20℃密度/(kg/m³) 温度/℃	728.0	730.0
27.75	0.9902	0.9903
28.0	0.9899	0.9900

附表 3：423 号罐容积表（大数表）

高度/m	容积/m³
12.01	1978.709
12.02	1980.361
12.03	1982.012
12.04	1983.664
12.05	1985.316
12.06	1986.968

附表 4：423 号罐容积表（小数表）12.000~13.199m

高度/mm	容积/m³
1	0.165
2	0.330
3	0.496
4	0.661
5	0.826
6	0.991
7	1.156
8	1.321
9	1.487

附表 5：423 号浮顶罐容积表（静压力修正表）

高度/m	容积/m³
12.00	1.461
12.10	1.486
12.20	1.510

29. 用保温 423 号立式金属罐储存汽油，测得其油水总高为 10.668m，油温为 24.8℃，视密度为 745.6kg/m³，试验温度为 23.9℃，求罐内储存油品的容

积是（ B ）m^3。（器具已修正，不考虑量油尺温度修正）

A. 1897. 265

B. 1757. 906

C. 1987. 635

D. 1536. 569

附表 1：20℃标准密度表（kg/m^3）

温度/℃ \ 视密度/（kg/m^3）	745. 0	747. 0
23. 50	748. 1	750. 1
23. 75	748. 3	750. 3
24. 00	748. 5	750. 5

附表 2：20℃体积修正系数（VCF）表

温度/℃ \ 20℃ 密度/（kg/m^3）	748. 0	750. 0
24. 50	0. 9946	0. 9946
24. 75	0. 9943	0. 9943

附表 3：423 号罐容积表（大数表）

高度/m	容积/m^3
10. 63	1750. 752
10. 64	1752. 404
10. 65	1754. 055
10. 66	1755. 707
10. 67	1757. 359
10. 68	1759. 011

附表 4：423 号罐容积表（小数表）

10. 121 ~ 10. 799m	
高度/mm	容积/m^3
1	0. 165
2	0. 330
3	0. 496
4	0. 661

续表

高度/mm	容积/m³
5	0.826
6	0.991
7	1.156
8	1.332
9	1.487

附表5：423号浮顶罐容积表（静压力修正表）/m³

高度/m	容积/m³
10.50	1.119
10.60	1.140
10.70	1.162

30. 大庆号油轮左一油舱计量测得数据：空高1.750m，前后吃水差0.350m，求左一舱油水总体积是（ D ）m³。

A. 201.495

B. 201.861

C. 201.862

D. 201.493

船名：大庆　　　　舱号：第一油仓左　　　　总高：8.21m

空高/m	容量/m³	实际高/m	容量/m³	空高/m	容量/m³	实际高/m	容量/m³
2.2	180.40	0.0	0.82	1.1	232.32		
2.1	185.14	0.1	1.58	1.0	236.84		
2.0	189.88	0.2	3.40	0.9	241.36		
1.9	194.62	0.3	6.27	0.8	245.88		
1.8	199.36	0.4	10.20	0.7	250.40		
1.7	204.10	0.5	15.18	0.6	254.92		
1.6	208.84	0.6	21.21	0.5	259.44		
1.5	213.58	0.7	28.30	0.4	263.96		
1.4	318.32			0.3	268.48		
1.3	223.06			0.2	273.00		
1.2	227.80			0.1	277.40		

附表 A　液货舱纵倾修正表

前后吃水差/m	0.3	0.60	0.9	1.20	1.5	1.80
1~6 舱号/dm	0.05	0.10	0.15	0.18	0.23	0.28

31. 某库收到一槽车 92 号汽油（V），到站后测得 A566 槽车罐内无水，油高 2588mm，计量温度 16.2℃，实验温度 14.6℃，视密度 739.8kg/m^3，该槽车净油体积是（　A　）。

A. 60655L

B. 60656L

C. 60657L

D. 60658L

表号：A500-599		
高度/mm	容积/L	系数
2589	58758	28.9828
2588	58743	28.9758
2587	58729	28.9687

32. 甲炼厂向乙油库发汽车一辆，发货量 10300kg，至乙油库后计量员测得汽车粤 A 14380 油高 1037mm，计量温度 16.2℃，视密度 742.8kg/m^3，试验温度 16.8℃，求该车净油体积是（　A　）。（罐车、量油尺的温度修正可以忽略，温度计、密度计修正值可以忽略）

A. 4903L

B. 4904L

C. 4905L

D. 4906L

单位：　　　　车号：粤 A 14380　　　　参照高度：1333mm

高度/cm	容积/L	高度/cm	容积/L	高度/cm	容积/L	高度/cm	容积/L
1	18	88	4288	95	4597	102	4858
2	36	89	4330	96	4635	103	4882
3	54	90	4382	97	4673	104	4912
4	72	91	4427	98	4711	105	4940
5	93	92	4473	99	4743	106	4964
6	112	93	4571	100	4787	107	4984
7	142	94	4577	101	4821	108	5009

33. 用 10 号卧罐储存柴油，测得油水总高 2268mm，水高 26mm，该罐净油体积是（ D ）。

高度/cm	容积/L	高度/cm	容积/L
1	898	225	45558
2	988	226	45719
3	1082	227	45879

A. 44800L

B. 44801L

C. 44802L

D. 44803L

34. 423 号立罐卸收油轮前存柴油 100t，收油后油高为 8366mm，水高 90mm，计量温度 17.5℃，试验温度 17.2℃，视密度 841.5kg/m^3，大气温度为 19℃该罐为非保温罐，求该罐的净油体积是（ A ）。（油罐、量油尺的温度修正可以忽略，温度计、密度计修正值可以忽略）

A. 1366.409m^3

B. 1366.343m^3

C. 1366.347m^3

D. 1366.344m^3

附表 1：20℃标准密度表（kg/m^3）

温度/℃ \ 视密度/(kg/m^3)	841.0	843.0
17.00	838.9	840.9
17.25	839.1	841.1
17.50	839.3	841.3

附表 2：20℃体积修正系数（VCF）表

温度/℃ \ 20℃密度/(kg/m^3)	838.0	840.0
17.50	1.0021	1.0021
17.75	1.0019	1.0019

附表 3：423 号罐容积表（大数表）

高度/m	容积/m^3
0. 08	9. 738
0. 09	10. 955
0. 10	12. 172
8. 35	1374. 127
8. 36	1375. 779
8. 37	1377. 431

附表 4：423 号罐容积表（小数表）

（0. 000～1. 199m）		（7. 200～8. 399m）	
高度/mm	容积/m^3	高度/mm	容积/m^3
1	0. 166	1	0. 165
2	0. 331	2	0. 330
3	0. 497	3	0. 496
4	0. 662	4	0. 661
5	0. 828	5	0. 826
6	0. 993	6	0. 991
7	1. 159	7	1. 156
8	1. 325	8	1. 321
9	1. 490	9	1. 487

附表 5：423 号浮顶罐容积表（静压力修正表）

高度/m	容积/m^3
8. 20	0. 682
8. 30	0. 699
8. 40	0. 716

35. 7 号保温罐计量数据如下：油水总高 10. 020m，水高 50mm，计量温度 22. 5℃，视密度 743. 3kg/m^3，试验温度 23. 5℃。罐内油品体积是（ B ）。

A. 3963. 174m^3

B. 3963. 127m^3

C. 3963. 173m^3

D. 3963. 176m^3

附表 1：20℃标准密度表

温度/℃ \ 视密度/(kg/m³)	743.0	745.0
23.25	745.9	747.9
23.50	746.1	748.1
23.75	746.3	748.3

附表 2：20℃体积修正系数（VCF）表

温度/℃ \ 20℃密度/(kg/m³)	746.0	748.0
22.50	0.9970	0.9970
22.75	0.9967	0.9967

附表 3：7 号浮顶罐容积表（大数表）

高度/m	容积/L
0.000	3214
0.079	36570
0.100	44912
9.900	3938200
10.000	3977899
10.100	4017598

附表 4：7 号浮顶罐容积表（小数表）

0.079～1.555m				9.457～11.066m			
cm*	容积/m³	mm*	容积/m³	cm	容积/L	mm	容积/L
1	3.973	1	0.397	1	3970	1	397
2	7.946	2	0.795	2	7940	2	794
3	11.920	3	1.192	3	11910	3	1191
4	15.893	4	1.589	4	15880	4	2588
5	19.866	5	1.987	5	19850	5	1985
6	23.839	6	2.384	6	23819	6	2382
7	27.813	7	2.781	7	27789	7	2779
8	31.786	8	3.179	8	31759	8	3176
9	35.759	9	3.576	9	35729	9	3573

*：cm 表示厘米液位数；mm 表示毫米液位数。

附表 5：7 号浮顶罐容积表（静压力修正表）

dm / $\Delta V/m^3$ / m	0	1	2	3
9	1323	1355	1386	1417
10	1689	1730	1771	1812
11	2098	2143	2194	2245

36. 云油一号左 3 舱油水总高 3213mm，水高 238mm，净油容积是（ A ）。

云游一号舱容表（左 3）			
液位/cm	容积/dm^3	液位/cm	容积/dm^3
23	9914	321	159279
24	10304	322	159773

A. 149201L

B. 149202L

C. 149203L

D. 149204L

37. 测量铁路罐车数据如下：罐车表号：A583，油高 H 为 2800mm，油品体积是（ A ）。

表号：A500-599		
高度/mm	容积/L	系数
2800	60714	29.9798
2790	60708	29.9798
2780	60678	29.9596

A. 63202L

B. 63203L

C. 63204L

D. 63205L

38. 10 号卧式油罐测量数据如下：油水总高 $H_{油水}=1.563m$，$H_{水}=0.016m$，油罐油品体积是（ A ）。

A. $30.745m^3$

B. $30.750m^3$

C. 30. 755m^3

D. 30. 760m^3

高度/cm	容积/L	高度/cm	容积/L
1	898	156	31629
2	988	157	31856

39. 用7号浮顶非保温罐储存汽油，油水总高12531mm，水高48mm，计量温度24. 2℃，视密度725. 1kg/m^3，试验温度23. 8℃，大气温度为18. 0℃。该罐油重为（ A ）。

A. 3568888kg

B. 3568886kg

C. 3568887kg

D. 3568955kg

附表1：20℃标准密度表

温度/℃ \ 视密度/(kg/m^3)	725. 0	727. 0
23. 50	728. 1	730. 1
23. 75	728. 4	730. 4
24. 00	728. 6	730. 6

附表2：20℃体积修正系数（VCF）表

温度/℃ \ 20℃密度/(kg/m^3)	728. 0	730. 0
24. 00	0. 9950	0. 9950
24. 25	0. 9947	0. 9947

附表3：7号浮顶罐容积表（大数表）

高度/m	容积/m^3
0. 000	3. 214
0. 079	36. 570
0. 100	44. 912
12. 400	4930679
12. 500	4970378
12. 600	5010077

附表 4：7 号浮顶罐容积表（小数表）

0.079～1.555m				11.067～12.671m			
cm	容积/m^3	mm	容积/m^3	cm	容积/m^3	mm	容积/m^3
1	3.973	1	0.397	1	3970	1	397
2	7.946	2	0.795	2	7940	2	794
3	11.920	3	1.192	3	11910	3	1191
4	15.893	4	1.589	4	15880	4	2588
5	19.866	5	1.987	5	19850	5	1985
6	23.839	6	2.384	6	23819	6	2382
7	27.813	7	2.781	7	27789	7	2779
8	31.786	8	3.179	8	31759	8	3176
9	35.759	9	3.576	9	35729	9	3573

附表 5：7 号浮顶罐容积表（静压力修正表）

m \ $\Delta V/m^3$ \ dm	3	4	5	6
11	2245	2296	2347	2399
12	2757	2808	2859	2910
13	3339	3402	3464	3526

40. 423 号拱顶非保温罐计量数据如下：油高：7.581m，计量温度：41.8℃，标准密度：762.4kg/m^3，大气温度为 35.3℃。罐内油品重量是（ D ）。

A. 925.067t

B. 925.068t

C. 925.069t

D. 925.070t

附表 1：20℃标准密度表

温度/℃ \ 视密度/(kg/m^3)	841.0	843.0
17.00	838.9	840.9
17.25	839.1	841.1

附表 2：20℃体积修正系数（VCF）表

温度/℃ \ 20℃密度/(kg/m³)	762.0	764.0
41.75	0.9743	0.9744
42.00	0.9740	0.9741

附表 3：423 号罐容积表（大数表）

高度/m	容积/m³
0.08	9.738
0.09	10.955
0.10	12.172
7.57	1245.282
7.58	1246.934
7.59	1248.586

附表 4：423 号罐容积表（小数表）

0.000~1.199m		7.200~8.399m	
高度/mm	容积/m³	高度/mm	容积/m³
1	0.166	1	0.165
2	0.331	2	0.330
3	0.497	3	0.496
4	0.662	4	0.661
5	0.828	5	0.826
6	0.993	6	0.991
7	1.159	7	1.156
8	1.325	8	1.321
9	1.490	9	1.487

附表 5：423 号浮顶罐容积表（静压力修正表）

高度/m	容积/m³
7.40	0.556
7.50	0.571
7.60	0.586

41. 7 号浮顶保温罐储存汽油，油水总高 5321mm，水高 48mm，计量温度 24.2℃，视密度 725.1kg/m³，试验温度 23.8℃。该罐油重是（ B ）。

A. 1495904kg

B. 1495981kg

C. 1495982kg

D. 1495983kg

附表1：20℃标准密度表（kg/m³）

温度/℃ \ 视密度/(kg/m³)	725.0	727.0
23.50	728.1	730.1
23.75	728.4	730.4
24.00	728.6	730.6

附表2：20℃体积修正系数（VCF）表

温度/℃ \ 20℃密度/(kg/m³)	728.0	730.0
24.00	0.9950	0.9950
24.25	0.9947	0.9947

附表3：7号浮顶罐容积表（大数表）

高度/m	容积/m³
0.000	3.214
0.079	36.570
0.100	44.912
5.200	2071929
5.300	2111661
5.400	2151394

附表4：7号浮顶罐容积表（小数表）

0.079～1.555m				4.765～6.247m			
cm	容积/m³	mm	容积/m³	cm	容积/m³	mm	容积/m³
1	3.973	1	0.397	1	3973	1	397
2	7.946	2	0.795	2	7946	2	795
3	11.920	3	1.192	3	11920	3	1192
4	15.893	4	1.589	4	15893	4	1589
5	19.866	5	1.987	5	19866	5	1987
6	23.839	6	2.384	6	23839	6	2384
7	27.813	7	2.781	7	27813	7	2781
8	31.786	8	3.179	8	31786	8	3179
9	35.759	9	3.576	9	35759	9	3576

附表5：7号浮顶罐容积表（静压力修正表）

m* \ ΔV/m³ \ dm*	2	3	4	5
4	264	276	288	300

续表

dm* / ΔV/m³ / m*	2	3	4	5
5	408	426	443	461
6	585	606	629	652

*：m 表示米液位数；dm 表示分米液位数。

42. 423 号拱顶保温罐计量数据如下：油高：8.581m，计量温度：31.8℃，标准密度：762.4kg/m³。罐内油品重量是（ A ）。

A. 1061209kg

B. 1061211kg

C. 1060862kg

D. 1060863kg

附表 1：20℃体积修正数（VCF 表）

20℃密度/(kg/m³) / 温度/℃	762.0	764.0
31.75	0.9862	0.9862
32.00	0.9859	0.9859

附表 2：423 号罐容积表（大数表）

高度/m	容积/m³
0.08	9.738
0.09	10.955
0.10	12.172
8.57	1410.568
8.58	1412.120
8.59	1413.772

附表 3：423 号罐容积表（小数表）

0.000～1.199m		8.400～8.620m	
高度/mm	容积/m³	高度/mm	容积/m³
1	0.166	1	0.165
2	0.331	2	0.330
3	0.497	3	0.496
4	0.662	4	0.661
5	0.828	5	0.826
6	0.993	6	0.991
7	1.159	7	1.156
8	1.325	8	1.321
9	1.490	9	1.487

附表 4：423 号浮顶罐容积表（静压力修正表）

高度/m	容积/m^3
8.40	0.716
8.50	0.733
8.60	0.750

43. 大庆油轮左一舱空距 0.27m，水高 0.12m，测量时的数据如下：前吃水 0.6m，后吃水 1.2m，计量温度 24.1℃，试验温度 23.5℃，视密度 833.5kg/m^3，舱内装油重量是（ A ）。

A. 222651kg

B. 222652kg

C. 222653kg

D. 222654kg

附表 1：20℃标准密度表（kg/m^3）

温度/℃ \ 视密度/(kg/m^3)	833.0	835.0
23.50	835.4	837.4
23.75	835.6	837.6

附表 2：20℃体积修正系数（VCF）表

温度/℃ \ 20℃密度/(kg/m^3)	834.0	836.0
24.00	0.9966	0.9966
24.25	0.9964	0.9964

船名：大庆　　　　舱号：第一油仓左　　　　总高：8.21m

空高/m	容量/m^3	实际高/m	容量/m^3	空高/m	容量/m^3	实际高/m	容量/m^3
2.2	180.40	0.0	0.82	1.1	232.32		
2.1	185.14	0.1	1.58	1.0	236.84		
2.0	189.88	0.2	3.40	0.9	241.36		
1.9	194.62	0.3	6.27	0.8	245.88		
1.8	199.36	0.4	10.20	0.7	250.40		
1.7	204.10	0.5	15.18	0.6	254.92		
1.6	208.84	0.6	21.21	0.5	259.44		

续表

空高/m	容量/m^3	实际高/m	容量/m^3	空高/m	容量/m^3	实际高/m	容量/m^3
1.5	213.58	0.7	28.30	0.4	263.96		
1.4	318.32			0.3	268.48		
1.3	223.06			0.2	273.00		
1.2	227.80			0.1	277.40		

附表 A　液货舱纵倾修正表

前后吃水差/m	0.3	0.60	0.9	1.20	1.5	1.80
1~6 舱号/dm	0.05	0.10	0.15	0.18	0.23	0.28

44. 一根内径为 180mm，长为 450m 的管线，计量温度 17.2℃，试验温度 18.9℃，视密度 726.5kg/m^3，管线内油品有（ B ）。

A. 8326kg

B. 8325kg

C. 8323kg

D. 8329kg

附表 1：20℃标准密度表（kg/m^3）

温度/℃ \ 视密度/(kg/m^3)	725.0	727.0
18.75	723.9	725.9
19.00	724.1	726.1

附表 2：20℃体积修正系数（VCF）表

温度/℃ \ 20℃密度/(kg/m^3)	724.0	726.0
17.00	1.0038	1.0038
17.25	1.0035	1.0035

45. 某油库用 1000L 标准器校验流量计，已知标准器油温 $t_s = 17.6$℃，$\beta_s = 48\times 10^{-6}$℃$^{-1}$，测得各项数据如下：

标准罐标称容量高度 H/mm	计量颈分度容量 V_f/(mL/mm)	标准器液位高度读数 H_i/mm
198	151.2	200.6

标准罐内的油品体积是（ B ）。

A. 1000.9L

B. 1000. 3L

C. 1000. 6L

D. 1000. 5L

46. 某油库用 2000L 标准器校验流量计，已知标准器油温 $t_s = 18.2℃$，$\beta_s = 48 \times 10^{-6}℃^{-1}$，测得各项数据如下：

标准罐标称容量高度 H/mm	计量颈分度容量 V_f/(mL/mm)	标准器液位高度读数 H_i/mm
198	155. 2	201. 5

标准罐内的油品体积是（ A ）。

A. 2000. 3L

B. 2000. 4L

C. 2000. 5L

D. 2000. 7L

47. 已知油品的标密 $\rho_{20} = 833.5\text{kg/m}^3$，计量温度 $t = 23.5℃$，油品的计重密度 $\rho_{计}$ =（ A ）。

20℃体积修正系数（VCF）表

温度/℃ \ 20℃密度/(kg/m³)	832. 0	834. 0
23. 25	0. 9972	0. 9972
23. 50	0. 9970	0. 9970

A. 829. 9kg/m³

B. 829. 8kg/m³

C. 829. 7kg/m³

D. 829. 6kg/m³

48. 已知车用柴油的计量温度 31. 2℃，标准密度 848. 0kg/m³，用容积式流量计发油 30t。问流量计的发油体积是（ A ）。

20℃体积修正系数（VCF）表

温度/℃ \ 20℃密度/(kg/m³)	848. 0	850. 0
31. 25	0. 9906	0. 9906
31. 50	0. 9904	0. 9904

A. 35. 761m^3

B. 35. 138m^3

C. 35. 133m^3

D. 35. 594m^3

49. 用质量流量计发 92 号汽油 2569. 666t，标准密度 745. 0kg/m^3。问流量计的发油商业质量是（ B ）。

A. 2565554kg

B. 2565812kg

C. 2565554t

D. 2565812t

石油真空中质量换算到空气中重量的换算系数表

20℃密度/(g/cm^3)	换算系数 F	20℃密度/(g/cm^3)	换算系数 F
0. 5094~0. 5315	0. 99780	0. 7196~0. 7645	0. 99850

50. 当流体流过质量流量计的按固有频率在振动的 U 形测量管时，流体对测量管的作用使测量管发生扭曲，这种扭曲程度与流体的质量（ B ）。

A. 成反比

B. 成正比

C. 不影响

D. 以上答案都不正确

51. 在线检定一台汽油加油机，若加油机示值为 100. 00L 时，使用标准金属量器测量并修正后为 99. 96L。请问这台加油机这次检定的误差是（ C ）。

A. 0. 06L

B. −0. 06L

C. 0. 04L

D. −0. 04L

52. 最大流量下在线检定一台加油机，三次检定的相对误差分别为+0. 18%、+0. 20%、+0. 24%，该检定点的重复性（ A ）。

A. 0. 04%

B. −0. 04%

C. 0. 07%

D. −0. 07%

53. 某加油站汽车罐车进油，发货量为 15000L，而地罐验收量为 15000. 520L，问该批次油品进货交接差量是（ A ）。

A. -0. 520L

B. 0. 520L

C. 0. 500L

D. -0. 500L

54. 某加油站汽车罐车进油，发货量为 15000L，而地罐验收量为 15060L，问该批次油品进货交接差率是（ D ）。

A. 0. 40%

B. 0. 38%

C. -0. 38%

D. -0. 40%

55. 10 号卧式油罐发油装车，发油前罐内装油 31456kg，发油后罐内装油 30437kg，汽车发油提单数为 1010kg，该油罐发货差量是（ A ）。

A. -9kg

B. 9kg

C. 12kg

D. -12kg

56. 10 号卧式油罐发油装车，发油前罐内装油 31456kg，发油后罐内装油 30437kg，汽车发油提单数为 1020kg，该油罐发货差率是（ C ）。

A. 1. 00%

B. 0. 25%

C. 0. 10%

D. 0. 01%

57. 上月，某加油站入库 92 号汽油 125000L，发油 125780L，月初库存 15000L，月末库存 14078L，求零售损耗量（ A ）。

A. 142L

B. -142L

C. 135L

D. -135L

58. 上月，某加油站入库 92 号汽油 125000L，发油 125780L，月初库存 15000L，月末库存 14078L，求零售损耗率（ A ）。

A. 0. 11%

B. 0. 18%

C. −0. 18%

D. −0. 11%

59. 5 号油罐 5 月份储存量 3000t 有 6 天，800t 有 5 天，2800t 有 3 天，1200t 有 6 天，3100t 有 10 天，求月平均储存量（ B ）t。

A. 2286. 503

B. 2286. 667

C. 2286. 502

D. 2286. 501

60. 某油库用拱顶罐储存汽油，该罐七月一日库存量 100t，七月五日油罐实收 800t，七月二十日装入油轮 700t，二十五日又灌入油桶 100t，月末库存 95t，问本月保管损耗为（ A ）t。

A. 5

B. 8

C. 2

D. 1

61. 两油罐间输油，5 号油罐付油 1352002kg，6 号油罐收到 1351520kg。求输转损耗率（ C ）。

A. 0. 24%

B. 0. 14%

C. 0. 04%

D. −0. 04%

62. 某加油站地罐验收入库 92 号汽油标准体积 12530L，油库发货标准体积为 12500L。求该批次油品进货体积误差率为（ B ）。

A. 0. 24%

B. −0. 24%

C. 0. 10%

D. −0. 10%

63. 用于贸易交接计量的量油尺只要（ B ）就能使用。

A. 通过校准

B. 通过检定且在有效期内

C. 通过检定

D. 通过校准且有校准值

64. 在密度计的使用维护中，发生（ D ）情况仍可使用。

A. 密度计标尺发生较小位移

B. 密度计金属弹丸松散，有明显位移

C. 标尺刻度不清晰，有较多污点

D. 密度计有油污，但可擦拭干净

65. 加油机计量器维修后，经（ D ）就可以投入使用。

A. 自校合格

B. 站长确认

C. 校准后

D. 重新申请检定合格后

66. 汽车衡使用前要全面检查确认（台面、电源等），并依次打开（ D ）。

A. 称重显示仪、打印机、计算机

B. 计算机、打印机、称重显示仪

C. 打印机、计算机、称重显示仪

D. 称重显示仪、计算机、打印机

67. 加油站卧式油罐的液位计应选择安装在（ D ）。

A. 油罐的纵向的中轴线的左边

B. 油罐的纵向的中轴线的右边

C. 油罐的横向的中轴线上

D. 油罐的纵向的中轴线上

三、多项选择题

1. 自动液位计量系统可以读取的检测参数有（ AC ）。

A. 进出升数

B. 油罐高度

C. 进出油量

D. 油罐厚度

2. 下列铁路罐车容积的检定周期描述正确的是（ CD ）。

A. 酸碱类铁路罐车的检定周期为 3 年

B. 其他类铁路罐车的检定周期为 4 年

C. 酸碱类铁路罐车的检定周期为 4 年

D. 其他类铁路罐车的检定周期为 5 年

3. 下列船舶液货计量舱容量的检定周期描述正确的是（ AB ）。

A. 船舶液货计量舱容量的检定周期一般不超过 3 年

B. 载重量等于或大于 3000t 的油船，检定周期可延长至 6 年

C. 船舶液货计量舱容量的检定周期一般不超过 4 年

D. 载重量等于或大于 3000t 的油船，检定周期可延长至 8 年

4. 油罐死量容积表准确度低，会影响（ BC ）。

A. 日常收油交接量

B. 清罐损耗量

C. 空罐收油损耗量

D. 非动罐损耗

5. 油罐底量容积表准确度低，会影响（ ABC ）。

A. 日常收油交接量

B. 清罐损耗量

C. 空罐收油损耗量

D. 非动罐损耗

6. 下列属于计算折算密度的依据是（ AB ）。

A. 按月分品号计算全省加权平均密度

B. 区域间密度间密度差异大的，可按区域计算

C. 按各油品综合计算平均密度

D. 月底盘点发油密度

7. 企业应按月对（ ABC ）进行盘点，并按时上报损溢报表。各项损耗统计指标应为油品实物损溢数据。

A. 油库

B. 加油站

C. 管道

D. 公司

高 级 工

基 础 知 识

一、判断题（正确的画√，错误的画×）

1. 用于贸易交接计量的量油尺可通过检定也可通过校准后使用。（ × ）

2. 计量比对在规定条件下，在相同量的计量基准、计量标准所复现或保持的量值之间比较、分析和评价的过程，简称比对。（ √ ）

3. 量值溯源是量值传递的逆过程。（ √ ）

4. 计量器具检定合格的，应由检定单位按照计量检定规程的规定，出具合格证书。（ × ）

5. 测试报告是检定机构采用与计量标准装置给出的“标准值”相对比的方法进行校准，是要给合格与否结论的。（ × ）

6. 强制检定与非强制检定，是对计量器具依法管理的两种形式。（ √ ）

7. 误差为真值减去测量值。（ × ）

8. 只要用准确度高的计量仪器测量，就不存在误差。（ × ）

9. 付油过程中黏附在计量罐壁上的油品即为油品的损失量。（ × ）

10. 流量仪表的测量范围是指流量仪表在规定的基本误差内，最小流量至最大流量的范围。（ √ ）

11. 理想气体状态方程，又称理想气体定律、普适气体定律，方程以其变量多、适用范围广而著称，对常温常压下的空气也近似地适用。（ √ ）

12. 过载能力，即超过额定限值以后能够承受的能力范围。（ √ ）

13. 雷诺数（Reynolds number）是一种可用来表征流体流动情况的无量纲数。（ √ ）

14. 流态，是水流的各种运动形态。（ √ ）

15. 阻力是相对于流体运动所受的逆物体运动方向或沿来流速度方向的流体动力的分力。（ √ ）

16. 热传递，是热从温度高的物体传到温度低的物体，或者从物体的高温部分传到低温部分的过程。（ √ ）

17. 传导传热是指温度不同的物体直接接触，由于自由电子的运动或分子的运动而发生的热交换现象。（ ✓ ）

18. 对流传热是指由于流体的宏观运动使流体各部分之间发生相对位移而导致的热量传递过程。（ ✓ ）

19. 剧毒、易燃易爆危险化学品应设专柜和专人保管，而且要有相应的安全防范措施。（ ✓ ）

20. ISO9000 系列标准的宗旨是一次能做到最好。（ × ）

21. 测量管理体系的目标是管理由于测量设备和测量过程可能产生的不正确结果而影响该组织的产品质量的风险。（ ✓ ）

22. 质量体系文件的架构必须是四层。（ × ）

23. 假如要通过质量体系认证，就要符合 ISO9000 系列所有标准的要求。（ × ）

二、单项选择题

1. 按时间间隔和规定程序，对计量器具定期进行的一种后续检定称为（ D ）。

A. 后续检定

B. 校准

C. 首次检定

D. 周期检定

2. 量值传递是通过对计量器具的（ C ），将国家基准复现的计量单位量值，通过各等级计量标准传递到工作计量器具上，以保证对被测对象所测得量值的准确和一致的过程。

A. 校准

B. 比对

C. 检定

D. 检定或校准

3. 计量器具经检定不合格时，检定部门应出具（ C ）。

A. 不合格证书

B. 检定证书

C. 检定结果通知书

D. 校准结果通知书

4. 由计量装置本身不完善和不稳定所引起的计量误差称为（ A ）。

A. 装置误差

B. 环境误差

C. 人员误差

D. 方法误差

5. 在测量计量温度时，取其多次测量结果的算术平均值作为最终测得值，其目的是为了减少或消除测量的（ C ）。

A. 装置误差

B. 环境误差

C. 随机误差

D. 方法误差

6. 在相同测量条件下，对同一被测量进行连续多次测量所得结果之间的一致性称为（ A ）。

A. 重复性

B. 复现性

C. 再现性

D. 一致性

7. 在改变了的测量条件下，同一被测量的测量所得结果之间的一致性称为（ C ）。

A. 重复性

B. 再现性

C. 复现性

D. 一致性

8. 对从-10~+10V 的标称范围，其量程为（ D ）。

A. 0V

B. -10V

C. +10V

D. 20V

9. 准确度是一个（ C ）。

A. 定量概念

B. 精确度的概念

C. 定性概念

D. 确定的量

10. 表征合理地赋予被测量之值的分散性，与测量结果相联系的参数称为（ C ）。

A. 精密度

B. 精确度

C. 测量不确定度

D. 测量准确度

11. 管道中实际流体定常流动条件下，两个选定断面单位液流所具有的总机械能之差是（ D ）。

A. 位能

B. 压能

C. 动能

D. 摩阻损失

12. 辐射是一种以（ A ）传播能量的现象。

A. 电磁波

B. 吸引力

C. 重力

D. 热传递

13. 气相色谱仪的检定周期是（ C ）。

A. 半年

B. 一年

C. 二年

D. 四年

14. ISO9000 标准中“PDCA”的含义是指（ B ）。

A. 计划、检查、实施、改进

B. 计划、实施、检查、改进

C. 计划、改进、检查、实施

D. 计划、检查、改进、实施

三、多项选择题

1. 在油库管理中，保温罐主要用于储备（ BCD ）。

A. 成品油（汽、柴、煤油）

B. 润滑油

C. 重质燃料油

D. 原油

2. 分析天平主要是由天平梁、（ ABCD ）、光学读数装置组成。

A. 天平柱

B. 天平箱

C. 机械加码装置

D. 砝码

3. 质量手册必须包括（ BC ）。

A. 质量方针和质量目标

B. 质量管理体系的范围

C. 各过程的顺序和相互作用的描述

D. 形成文件的程序

相　关　知　识

一、判断题（正确的画√，错误的画×）

1. 浮力式液位计分为恒浮力和变浮力式两种。（ √ ）

2. 质量流量计的安装地点不能有大的振动源。（ √ ）

3. 容积式流量计不是靠入口压力和出口压力之间的压差推动转子转动来测量的。（ × ）

4. 差压式流量计可以在满量程的30%以下使用。（ × ）

5. 量水尺表面应光洁，刻线清晰。（ √ ）

6. 液位仪上铭牌完整、清晰、液位计零部件应完整无损，紧固件不得有松动和损伤，可动部件应灵活可靠。（ √ ）

7. 油品有受热易膨胀特性。科学数据表明，柴油温度每升高或降低1℃，体积会膨胀或缩小0.0008倍。（ √ ）

8. 当罐内液位浸没所有的自动温度计元件即使用便携式电子温度计对自动温度计各个组件进行校准时就会使自动计量系统测量油温不准。（ × ）

9. 降落取样器具的绳子应是导电体。（ √ ）

10. 当油品液位接近底部压力变送器时，测量密度的不确定度变得较大。（ √ ）

11. 油库在日发油三核对中，发现当日ERP出库数与流量计累计走字数出现了30L差异，说明有发油台多发了30L。（ × ）

12. 油库油罐清罐前、后应确认油罐相通管线空满情况，填充管线油品数量不得计入清罐损耗。（ √ ）

13. 油库清罐作业每个罐损耗不应当超过2t。（ × ）

14. 清管作业产生污油下载到接收企业油库后，应按正常下载油品数量交接做好流量计、油罐的计量，按照寄外库油品管理。（ √ ）

15. 加油站清罐作业时清罐损耗包括了罐底的不合格降级油品、污油污水数量。（ × ）

16. 油库发现发油流量计出现超差后，应立即调整流量计修正系数，保证发油足量。(×)
17. 铁路槽车油量计算时可以不考虑罐体的罐壁修正因素。(✓)
18. 汽车罐车油量计算时可以不考虑罐体的罐壁修正因素。(✓)
19. 管输计量交接数据比对包括质量流量计和油罐的比对、油罐和油罐的比对、质量流量计和质量流量计的比对。(✓)
20. 通过油库盘点查看有无异常损溢情况，可以发现油库库存管理的漏洞。(✓)
21. 通过核查加油站每日盘点有无异常损溢情况，可以发现加油站计量管理出现的问题。(✓)
22. 油轮到港后计量船板量与发运时差异不大，但油库卸收后出现较大损耗，说明损耗原因出现在油库。(×)
23. 加油站液位仪测量油温与人工计量比对，使用便携电子温度计可以更加准确可靠。(✓)
24. 用作贸易交接计量的流量计的准确度等级应不低于 0.2 级。(✓)
25. 散装成品油重量计算时数据处理规定：若体积单位为升（L）时，则有效数字仅为整数。(✓)
26. 残漏损耗是在装卸过程中因洒漏而造成的损失。(×)
27. 输转损耗率是指石油产品在企业内储罐和储罐之间通过密闭管线转移时，输出量和罐收量之差与罐收量之百分比。(×)
28. 流量计的安装应当横平竖直，法兰间间隙均匀，垫片厚度大小合适，不得突入管内。(✓)
29. 质量流量计安装时不需要考虑安装直管段。(×)
30. 现有技术条件下，油库发油管道密度自动测量应当选用振动管密度计。(×)
31. 质量流量计运行中，当实际工作压力与检定压力不一致时，应当进行压力补偿。(✓)
32. 根据 GB 11085 规定：一年四季，全国各地加油机付汽油的零售损耗率指标不同。(×)
33. 地罐验收量与油库原发量的差量为交接允差。交接允差由省市公司与承运商协商确定，但不得超过±3‰。(✓)
34. 对固定式自动温度计比对时，应将温度计定位到被比对元件相同的位置进行同点比对。(✓)

35. 液位计的校准过程中应避开浮顶罐的不可计量区间。（ √ ）

36. 动态轨道衡计量是静态计量方式的一种（ √ ）

37. 立式金属油罐取样，应当按照从下到上的顺序，依次进行。（ × ）

38. 如使用静力称量法进行检定，室温需控制在（20±5）℃，相对湿度小于85%。（ × ）

39. 检定液体应上下搅拌均匀，搅拌器底部不能露出液面，以免带入气泡。（ √ ）

40. 在温度计上、下线温度的刻度线以外，应标有不少于该温度计最大允许误差的展刻线。（ √ ）

二、单项选择题

1. 机械显示加油机的工作原理是油品在高压推动下送入（ A ）进行计量，并经输油胶管进入油枪，打开油枪即可对车辆加油。

A. 流量测量变换系统

B. 加油机

C. 油枪

D. 油泵

2. 加油机主要由（ B ）、辅助设备及附加设备组成。

A. 加油枪

B. 流量测量变换系统

C. 过滤器

D. 油泵

3. 内标式温度计刻度板的纵向位移应不超过相邻两刻度线间距的（ B ）。

A. 1/2

B. 1/3

C. 1/4

D. 1/5

4. SY/T 5317 规定，取样最高工作频率为（ B ）个/min。

A. 10

B. 30

C. 50

D. 80

5. 通常，管道的质量流量计运行背压应不小于（ C ）。

A. 0.1MPa

B. 0.2MPa

C. 0.3MPa

D. 0.4MPa

6. 在油库油罐自动温度计的校准比对中，至少需要要测量（ C ）点温度，用来与 ATT 测量的平均温度进行数据分析比较。

A. 1

B. 3

C. 5

D. 10

7. 以下哪种情况存在会导致油罐液位数据测量异常（ D ）。

A. 罐内油品温度分层

B. 高温天气

C. 冰冻天气

D. 量油尺打折

8. 对于高风险的加油机，进行自校确认确实属高风险的，联系法定计量检定机构进行计量器调整，加油机调整后的误差至少控制在（ C ）内。

A. ±0.15%

B. ±0.20%

C. ±0.25%

D. ±0.30%

9. 对于特高风险的加油机，必须立即停止使用，进行自校确认确实属超高风险的，联系法定计量检定机构进行调整，将计量器误差至少控制在（ D ）内。

A. ±0.15%

B. ±0.20%

C. ±0.10%

D. ±0.25%

10. 混合法自动测量系统调试测出油品质量在各个对应高度与手工测量得到油品质量比对，按《油库自动计量技术标准》要求，其允许误差均不应大于（ D ）。

A. ±0.35%

B. ±0.30%

C. ±0.25%

D. ±0. 20%

11. 根据中国石化企业计量标准，下列说法正确的是（ D ）

A. 在扣除铁路运输定额损耗后，铁路运输的交接允差为±0. 2%

B. 在扣除油船装船定额损耗后，水路运输的交接允差为±0. 25%

C. 因炼厂原因造成本次交接超差，则赔付量为本次交接超差量

D. 因炼厂原因造成本次交接超差，则赔付量为本次交接差量

12. 清罐前、后应确认油罐相通管线空满情况，填充管线油品数量（ A ）清罐损耗。

A. 不计入

B. 部分计入

C. 全部计入

D. 根据实际情况确定

13. 用于盘存计量的静压法计量装置其质量测量结果与人工计量的质量之差应不大于（ D ）和（ D ）t，装置自身质量测量的重复性误差应不大于（ D ）和（ D ）t。

A. ±0. 2%，±2；±0. 1%，±1

B. ±0. 2%，±3；±0. 1%，±1. 5

C. ±0. 3%，±2；±0. 15%，±1

D. ±0. 3%，±3；±0. 15%，±1. 5

14. 加油站油罐自动温度计的测量温度与人工测温进行比对，其两者之差不大于（ B ）℃。

A. ±0. 2

B. ±0. 5

C. ±1. 0

D. ±2. 0

15. 铁路油品出库计量，应当优先选择（ B ）计量方式。

A. 轨道衡

B. 质量流量计

C. 铁路罐车

D. 油罐

16. 在进行吨桶（美桶）之间的相互换算时，需将先将油品密度换算成（ C ）℃下的密度。

A. 20

B. 15.6

C. 15

D. 20.4

17. 油库用于对外交接的立式金属油罐，首次检定后的检定周期应不大于（ D ）。

A. 5 年

B. 4 年

C. 3 年

D. 2 年

18. 油库发油时，一般应当保持发油后罐内液面高于出油管线上端（ B ）cm。

A. 10

B. 20

C. 30

D. 40

19. 汽车衡使用前一般应开机预热（ A ）min，或根据厂家说明书确定。

A. 30

B. 20

C. 15

D. 10

20. 为保证计量系统的稳定运行，油库应当每（ B ）组织一次流量计校验。

A. 1 个月

B. 1 季度

C. 6 个月

D. 1 年

21. 已知某油库公路发货单货位设计常用流量为 60m^3/h，应当选用最大流量为（ C ）m^3/h 的流量计，较合适。

A. 150

B. 100

C. 75

D. 70

22. 通过建立流量计系统误差控制图，可以为流量计的维修（检修）提供重要参考，当流量计误差值变化值超过标准偏差的（ D ）倍时，应当进行原因分析。

A. 1

B. 1.5

C. 2

D. 3

23. 油库发货系统的超级密码应当由（ D ）管理。

A. 油库主任

B. 油库调度

C. 油库设备管理员

D. 地市公司部门专人

24. 测深钢卷尺线纹宽度不超过（ B ）mm。

A. 0.2

B. 0.3

C. 0.5

D. 0.6

25. 标称长度为 $0\text{m}<L\leqslant 30\text{m}$ 时，测深钢卷尺后续检定的示值误差不应超过（ C ）mm。

A. ±1

B. ±1.5

C. ±2.0

D. ±2.25

26. Ⅰ级钢卷尺的检定温度为（ C ）℃

A. 20±2

B. 20±3

C. 20±5

D. 20±4

27. 量油尺是在20℃下标定的，所以当不在20℃下使用时，示值就会产生误差，当低于20℃下使用时，示值会（ B ）。

A. 不变

B. 偏大

C. 偏小

D. 不确定

28. SY-05型石油密度计的分度值为（ C ）。

A. 0. 2kg/m^3

B. 0. 3kg/m^3

C. 0. 5kg/m^3

D. 1kg/m^3

29. 若在量筒内油品的气泡尚未逸散时读取密度，则示值会（ B ）。

A. 偏大

B. 偏小

C. 不变

D. 不确定

30. 使用PET时，当指示温度的变化稳定在0. 1℃达（ C ）时，则平衡建立。

A. 10s

B. 20s

C. 30s

D. 60s

三、多项选择题

1. 量油尺出现下列情形之一者，禁止使用（ ABC ）。

A. 尺带扭折

B. 尺带弯曲及镶接

C. 尺砣端部损坏

D. 使用后未擦净油渍

2. 当输出测量液位为100%时，液位仪输出指示应为20mA，如偏差大于允许值，应调整指示和变送器量程螺钮至合格为止。反复调整（ AD ），直至合格为止。

A. 零位

B. 量油杆

C. 探棒

D. 量程

3. 油库油罐液位仪的日常比对分析数据有（ ABCD ）。

A. 液位比对数据

B. 参照高度比对数据

C. 水高比对数据

D. 空高比对数据

4. 用于国内贸易结算时的油品流量计计量是使用（ AB ）。

A. 流量计系数法

B. 流量计基本误差法

C. 油品在真空中的质量乘流量计系数

D. 油品在真空中的质量乘联合修正系数

5. 油品从铁路槽车、油船、汽车罐车等运输容器卸入油罐内时，属于卸车、船损耗的是（ BCD ）。

A. 油罐的小呼吸损耗

B. 运输容器内油品黏附的损失

C. 运输容器内油品挥发的损失

D. 油罐大呼吸损耗

6. Q/SH 0632—2015《成品油交接计量管理规范》对交接差量管理的基本原则有（ ABCD ）。

A. 炼油企业和油品销售企业应加强成品油交接差量管理，交接差量超过交接允差时应查明原因，必要时写出分析报告，并制定防范措施

B. 供方承担交接计量点前的一切损耗；需方承担交接计量点后的损耗，并与承运方签订保量运输协议

C. 超差时经过双方调查确认，属单方责任的，交接差量由责任方承担

D. 超差时供需双方都有过错时，按责任大小承担交接差量

7. Q/SH 0632—2015《成品油交接计量管理规范》对铁路运输的交接计量方式可以采用以下哪几种。（ ABC ）

A. 流量计

B. 铁路罐车

C. 轨道衡

D. 立式罐

8. Q/SH 0632—2015《成品油交接计量管理规范》对管道运输的交接计量方式可以采用以下哪几种。（ AB ）

A. 流量计

B. 油罐

C. 交运数

D. 验收数

9. 根据中国石化销售企业相关计量制度，油库发汽车罐车到公司加油站，下列说法正确的是：（ AD ）

A. 按实测密度和流量计的实际走字数开票发油

B. 罐车出库后，特殊情况油库可以补量

C. 单车补量超过 50L 的，应由上级计量主管部门确认，逐级审批后执行

D. 油库补量须经发货员、计量员、油库主任签字确认，并登记相关台账

10. 根据中石化销售企业相关计量制度，油库收油时，油库实收数量为（ BD ）。

A. 铁路运输为到库罐车计量数、管道运输为下载质量流量计数

B. 管道、水路运输为收油罐实收计量数

C. 水路运输为收油罐实收计量数加卸船损耗数

D. 公路、铁路运输为到库罐车计量数

11. 关于油库发油密度和加油站换算（折算）密度，下列说法正确的是：（ BC ）

A. 配送加油站，油库按定价密度发油

B. 配送加油站，油库按实测密度发油

C. 加油站零售量的吨升换算是按油库实际发油加权平均密度进行换算的

D. 加油站升进升出管理，不需要换算密度

12. 油品计量事故责任追究必须坚持（ AC ）原则并按照干部管理权限进行处分。

A. 谁主管、谁负责

B. 实事求是

C. 党政同责

D. 四不放过

13. 自动计量系统的校准，包括（ ABCD ）校准。

A. 自动液位计

B. 自动温度计

C. 压力变送器

D. 密度测量结果

14. 下列油品计量方式属于体积重量交接方式的有（ AB ）。

A. 油库用立式金属油罐进行收货

B. 油库用容积式流量计对社会客户发油

C. 油库用质量流量计对社会客户发货

D. 油库用汽车衡进行收货

15. 油库应当通过（ ABC ）核对来油数量

A. 随车交运单

B. 供货方的传真、电报

C. 公司调运部门或相关系统的调运计划

D. 公司调运人员电话

16. 油库水路进货油罐计量一般应在（ ACD ）的共同参与下进行。

A. 计量员

B. 调度员

C. 承运方

D. 负责人（值班领导）

17. 下列可用于成品油贸易交接的流量计有（ AB ）。

A. 0. 1 级

B. 0. 2 级

C. 0. 3 级

D. 0. 5 级

18. 质量流量计进行调零操作时，零点漂移过大，可能是由于（ ABCD ）。

A. 、阀门泄漏，使工艺流体未处于静止状态

B. 、流体的温度、压力超过仪表承载范围

C. 工艺流体中含气体量过多

D. 仪表本身出错

19. 温度计应具有以下标志：（ ABC ）。

A. 表示摄氏度的符号“℃”

B. 制造厂名或商标

C. 制造年份

D. 执行的标准

四、简答题

1. 油品密度为什么在 20℃下或接近这个温度测定数值最为准确？

答：我国统一规定测定石油产品密度的标准温度为 20℃，石油密度计都是在 20℃时进行分度的。因此，在标准温度 20℃下或接近这个温度测定数值最为准确。

2. 数字密度计常见故障有哪些？

答：数字密度计常见故障有：（1）显示值过高、过低、不稳定、无效；（2）无法开机或无信号输出；（3）通讯不良；（4）时间格式错误；（5）稳定时间长；

3. 涡轮流量计常见故障有哪些？

答：答：流体正常流动时无显示，总量计数器字数不增加；未作减小流量操作，但流量显示却逐渐下降；流体不流动，流量显示不为零，或显示值不稳；显示仪示值与经验评估值差异显著。

4. 椭圆齿轮流量计常见故障有哪些？

答：椭圆齿轮不转；轴向密封联轴器漏液；指针转动不稳定；小流量误差偏负过大；误差变化较大；误差过大，但不超过±1%；发信无信号。

5. 腰轮流量计常见故障有哪些？

答：腰轮不转；轴向密封联轴器漏油；指针转动不稳或时停时走；误差过大，但最小最大误差之差不超过 1%；发信器无信号；密封部位有渗漏现象。

6. 科氏力式质量流量计常见故障有哪些？

答：dp 值不稳；dp 值忽大忽小；显示"停振"；密度不准；显示"密度太小"或密度时大时小；死机（开机显示不变）；流量出现负值；上位机通讯无信号；上位机通讯时好时坏。

7. 电子汽车衡的常见故障有哪些？

答：电子汽车衡的常见故障有：小负荷称量显示正常，大负荷秤量显示变小；秤在正常使用中发现在秤不同的位置时，秤量显示不一致；校正完后显示正常，但断电后重新加电，显示值与刚校正完时的显示值不符；电子汽车衡仪表显显不稳定；汽车衡，显示数值时增加几个 d，有时负几十个 d，很不规则；仪表显示不稳定。

8. 电子轨道衡的常见故障有哪些？

答：计算机不能正堂启动；称重控制程序不能运行；制表时变慢；称重结果失准或有漏车；轨道衡仪表故障。

9. 简述 Q/SH 0632《成品油交接计量管理规范》交接差量索赔的主要依据。

答：中国石油化工集团公司企业标准 Q/SH 0632—2015《成品油交接计量管理规范》、采购合同、供需双方签订的计量交接协议。

10. 油品购销合同或计量交接协议中应当明确的主要内容包括？

答：（1）运输方式、发货和收货计量方式；

（2）交接计量地点；

（3）计量器具及准确度等级；

（4）计量人员要求；

（5）交接允差；

（6）计量操作或油量计算执行的标准或规程；

（7）交接差量大确认和索赔的程序及处理；

（8）双方的权利和义务；

（9）承运方义务；

（10）争议的解决和仲裁。

11. 请写出成品油计量交接中各类容器的不确定度。

答：立式金属罐：容积为 100～700m^3（含 700），0. 20%（$k=2$）；容积 700m^3 以上的，0. 10%（$k=2$）。

卧式金属罐：0. 40%（$k=2$）

铁路计量罐车：0. 40%（$k=2$）

汽车计量罐车：0. 25%（$k=2$）

油船：小型油船：0. 30%（$p=0.95$）；大型规则油船：0. 20%（$p=0.95$）；大型不规则油船 0. 40%（$p=0.95$）。

12. 密度计检定中为什么要使用规定的检定液进行检定？

答：这主要是因为不同液体的毛细常数不同将使液体在密度计干管上爬升不同的高度，给密度计的读数带来误差，即使两种液体密度相同，也可能有极为不同的毛细常数，所以必须用规定的液体掺配成密度和毛细常数都符合要求的溶液进行检定。只有用统一的检定液，密度量值传递时才能使毛细常数的影响小到可以忽略的程度。

13. 玻璃温度计检定的环境条件要求有哪些？

答：环境温度在 15～35℃，同时应满足标准器及配套电测设备相应的环境要求；要满足防止水银外漏污染环境的条件。

14. 温度计检定结果的处理要求有哪些？

答：按检定规程规定的要求检定合格的工作用玻璃液体温度计应发给检定证书；检定不合格的工作用玻璃液体温度计发给检定结果通知书，并注明不合格项目。

五、计算题

1. 用 32 号立罐装汽油入船，发油前罐内存油 787028kg，发油后测量，油高为 828mm，水高 102mm，计量温度 12. 2℃，试验温度 11. 8℃，视密度 752. 2kg/m^3，若发油前管线存水，发油后管线存油 7983kg，请计算交运量。

附表 1：查表 59B 产品标准密度表

温度/℃ \ 视密度/(kg/m³)	751.0	753.0
11.75	743.7	745.7
12.00	743.9	745.9

附表 2：查表 60B 产品体积修正系数（VCF）表

温度/℃ \ 标准密度/(kg/m³)	744.0	746.0
12.00	1.0097	1.0097
12.25	1.0094	1.0094

附表 3：32 号立式油罐容积表

高度/dm	容积/m³
……	……
0.1	15.632
……	……
0.8	115.894

附表 4：32 号立式油罐容积表

起止点/dm	高度/cm	容量/m³	高度/mm	容量/m³
0.00	1	……	1	……
	2	2.864	2	0.286
	3	……	3	……
	4		4	
	5		5	
	6		6	
	7		7	……
	8		8	1.144
11.74	9		9	……

附表 5：查静压力容量增大值

m \ ΔV/m³ \ dm	0	1	2	3	4	5	6	7	8	9
……										

续表

dm / $\Delta V/m^3$ / m	0	1	2	3	4	5	6	7	8	9
0.8	0.006	……	……	……	……	……				
……										

解：（1）油罐发油后罐内存油计算：

$\rho_{20}=743.7+[(745.7-743.7)\div2]\times(752.2-751)=744.9\ (kg/m^3)$

VCF = 1.0094

$V_{总}=115.894+2.864+1.144+0.006\times0.7449\times1.0094=119.907\ (m^3)$

$V_{水}=15.632+0.286=15.919\ (m^3)$

$V_t=119.907-15.919=103.988\ (m^3)$

$V_{20}=103.988\times1.0094=104.965\ (m^3)$

罐内存油：$m=104.965\times(744.9-1.1)=78073\ (kg)$

管道内存油：$m=7983\ (kg)$

（2）交运量应扣去装船损耗，查定额为0.07%。

$$m=(787028-78073-7983)\times(1-0.07\%)=700481\ (kg)$$

答：交运量为700481kg。

技师和高级技师

基 础 知 识

一、判断题（正确的画✓，错误的画×）

1. 通过与相同量的基准比对而定值的测量标准称为参考标准。（ × ）

2. 计量标准可以按不同的准确度分成若干个等级。（ ✓ ）

3. 对于数字式显示装置，当变化一个末位有效数字时其示值的变化量就是该装置的分辨力。（ ✓ ）

4. 稳定性是评价流量计在运行条件下长期工作所承受的最大压力。（ × ）

5. 企业建立最高标准是将上级计量标准传递到企业工作计量器具上，以保证所测得值的准确和一致。（ ✓ ）

6. 量值传递强调传递到工作计量器具，强调“器具”管理特点；溯源性强调把测量结果与有关标准联系起来，体现“数据”管理特征。（ ✓ ）

7. 垂直作用在单位面积上的分布力称为压力。（ ✓ ）

8. 在空气中用称重法测量物质密度时，为消除空气浮力的影响所作的修正称为空气浮力修正。（ ✓ ）

9. 液体容积式流量计基本误差的检定，对准确度等级优于0.5级的流量计，其检定点一般不少于3个，均匀分布，其中含最小流量和最大流量。（ × ）

10. 甲醇蒸气压比汽油低，会影响汽车的动力性。（ ✓ ）

11. 铁、锰、甲醇、硫、胶质、烯烃、芳烃含量是具有一定可加性的参数，因此可以通过相应与较低铁、锰、甲醇、硫、胶质、烯烃、芳烃含量油品调和的方式进行处理。（ × ）

12. 汽油、煤油、柴油的闪点是其爆炸的下限温度。（ × ）

二、单项选择题

1. 计量工作是国民经济中一项重要的（ C ）。

A. 技术基础

B. 科学基础

C. 技术基础和管理基础

D. 工程基础

2. 标称范围通常用它的（ A ）表明。

A. 上限和下限

B. 上限

C. 下限

D. 量程

3. 测量仪器响应的变化除以对应的激励变化称为（ D ）。

A. 响应特性

B. 分辨力

C. 抗偏移性

D. 灵敏度

4. 检定与校准的区别在于检定要依据（ A ）的要求，对计量器具的特性进行确认，而校准只是确定计量器具与对应由标准所复现的量值之间的关系。

A. 检定规程

B. 操作规程

C. 技术规范

D. 校准办法

5. 温度是决定一系统是否与其他系统处于热平衡的宏观性质，一切互为热平衡的系统都具有（ B ）。

A. 不同的温度

B. 相同的温度

C. 热平衡

D. 运动平衡

6. 浸在液体中的浮计干管与液面相接触的自由表面的形状称为（ D ）。

A. 弯月面上缘

B. 弯月面下缘

C. 弯月面修正

D. 弯月面

7. 贝塞尔公式中的测量次数 n 取值应为（ A ）。

A. 充分大

B. 有限次

C. 无限次

D. 5 次

8. 喷气燃料的（ B ）馏出温度直接影响起动性，要加以控制。

A. 初馏点

B. 10%

C. 30%

D. 50%

9. 0 号普通柴油适用风险率为 10%的最低气温在（ C ）以上的地区使用。

A. −4℃

B. 0℃

C. 4℃

D. 10℃

10. ISO9000 标准中“PDCA”的含义是指（ A ）。

A. 计划、实施、检查、改进

B. 计划、检查、实施、改进

C. 计划、改进、检查、实施

D. 计划、检查、改进、实施

三、多项选择题

1. 测量不确定度来源有（ ABCD ）。

A. 取样的代表性不够

B. 测量环境影响

C. 人员读数偏移

D. 测量仪器的局限性

2. 与轻质燃料油安定性有关的指标有（ ABCD ）。

A. 诱导期

B. 溶剂洗胶质含量

C. 馏分燃料油氧化安定性

D. 色度

3. 输油管道清管器类型包括（ ABCD ）。

A. 机械清管器

B. 软体清管器

C. 钢刷清管器

D. 测径清管器

4. 判断油品水含量分析结果可靠性应从（ BC ）两个方面判定。

A. 平均值

B. 重复性

C. 再现性

D. 单次测定值

四、简答题

1. 影响润滑油低温流动性的因素是什么？

答：（1）在使用温度下因形成蜡结晶结构而丧失流动性；

（2）在使用温度下因黏度大、流动太慢而造成润滑油泵抽空或供油不足。

相 关 知 识

一、判断题（正确的画√，错误的画×）

1. 计量员在油罐上进行测量操作前，应先辨明风向。（ √ ）
2. 流量计停止运行时要先关闭流量计的上游阀门，再打开流量计的下游阀门。（ × ）
3. 表号为 FG467 的罐车车型一定是 G60 型。（ × ）
4. 流量计的压力损失是流体流经仪表时产生的可恢复的压力值。（ × ）
5. 密度计在液体中的浸没深度反映了被测液体的密度大小，所以密度计的示值从上至下逐渐减小。（ × ）
6. 测深量油尺尺砣可以不带刻度。（ × ）
7. 卧罐埋地以后产生倾斜、变形，都会引起罐内容量不准，从而造成很大的计量误差，油品损耗虚假盈亏大。（ √ ）
8. 通过油库油罐每月的计量盘点即可掌握油罐储存油品的实际损溢情况。（ × ）
9. 加油站当日盘点后出现了单日 60L 的损耗，说明加油站当日存在油品损失。（ × ）
10. 空罐装油损耗的大小主要取决于装油速度的快慢。若装油速度快，则损耗小；反之，则损耗大。（ × ）
11. 因受技术水平和条件的限制或数量管理方法的不完善，油品计量结果不能反映真实的数量，这种因计量数量管理原因而造成的油品数量虚假的盈或亏，称作虚假盈亏。（ √ ）
12. 立式金属油罐不应在未开孔的计量管内进行计量操作。（ √ ）
13. 立式金属罐一般包括固定顶罐、内浮顶罐、外浮顶罐。（ √ ）
14. 容量表的作用是对照高度算容量的表。（ √ ）
15. 铁路罐车一般按其用途分为轻油罐车、重油罐车、石油气体罐车。（ √ ）
16. 加油机的最小付费变量应为与最大体积变量相对应的应付金额。（ × ）

17. 汽车罐车油罐应有足够的强度保证油罐在最大装载容量下不发生明显变形。(✓)

18. 汽车衡使用前要全面检查确认，并确认称重显示仪显示为零。(✓)

19. 卧式油罐、油罐车等小容器只能使用计量杆测量油高。(×)

二、单项选择题

1. 下列属于自动取样器专用泵不工作的故障排查步骤是 (B)。

A. 拆下消声器清洗

B. 打开总阀

C. 更换消声器

D. 关紧切断阀，通知厂房检修或更换

2. 下列属于数字密度计显示值过高的故障排查步骤是 (D)。

A. 拆下消声器清洗

B. 打开总阀

C. 更换消声器

D. 消除传感器测量膜片的杂质

3. 电子汽车衡显示数值时增加几个 d，有时负几十个 d，很不规则，下列属于此故障排查步骤的是 (C)。

A. 更换 EPROM

B. 打开总阀

C. 清除鼠巢，更换电缆

D. 关紧切断阀，通知厂房检修或更换

4. 下列属于电子轨道衡称重控制程序不能运行的故障排查步骤是 (C)。

A. 更换传感器，并对整个系统进行重新标定

B. 运行“压缩/恢复数据库”

C. 可用随机备光盘恢复安装

D. 关紧切断阀，通知厂房检修或更换

5. 对规则油船进行油品计量时，在未考虑无法评估的影响因素时，综合计量误差优于 (B)。

A. ±0. 70%

B. ±0. 50%

C. ±0. 30%

D. ±0. 25%

6. 在对油船进行计量时，燃油舱计量应在船舱计量（ B ）进行。

A. 过程中

B. 前

C. 后

D. 不确定

7. 油罐车计量口在罐车中后方，如果罐车停在上坡处，则罐车的测量数据会（ A ）。

A. 偏大

B. 偏小

C. 正常

D. 无法确定

8. 使用电子汽车衡计量时，车应当尽量停在称重台的（ C ）位置。

A. 前端

B. 后端

C. 中间

D. 任一

9. 质量流量计小流量切除偏大时，则测量结果（ C ）。

A. 偏大

B. 正常

C. 偏小

D. 无法确定

10. 铁路罐车计量人员应该采用的操作顺序是（ C ）。

A. 先测温，后检尺，然后取样

B. 先取样，再检尺，然后测温

C. 先检尺，再测温，然后取样

D. 先取样，再测温，然后检尺

11. 计量用卧式金属罐的检定周期为（ D ）。

A. 1 年

B. 2 年

C. 6 个月

D. 4 年

12. 卧式油罐的检尺口必须（ A ）。

A. 直接通到容器内液体中

B. 有改善测量准确度的槽孔的计量管

C. 直接通到容器底部

D. 无特殊要求

13. 卸净后油罐稳油（ C ），液位仪自动计量收油后地罐罐内油高、水高、油温、油品体积；计算确认油罐实收量。

A. 15min

B. 30min

C. 5min

D. 10min

14. 对优于 1. 0 级的流量计，应分别测量（ A ）和（ B ）的液体温度。

A. 流量计

B. 标准器处

C. 压力变送器

D. 容器内

15. 流体在稳定流动的情况下，沿整个流管的体积流量不变，截面积大的地方（ B ）。

A. 速度大

B. 速度小

C. 速度平均值

D. 不确定

16. 一般应使流量计在 70%～100%最大流量下至少允许（ A ）min 后方可进行基本误差检定。

A. 1

B. 2

C. 3

D. 5

17. 计量加油机的最大允许误差是（ A ）。

A. ±0. 3%

B. ±0. 2%

C. ±0. 1%

D. ±0. 5%

18. 加油机的检定周期为（ A ）。

A. 6 个月

B. 3 个月

C. 1 个月

D. 1 年

19. 液压秤是根据（ C ）原理制成的。

A. 杠杆

B. 阿基米德

C. 帕斯卡

D. 弹性元件变形

20. 检定规程是（ B ）的技术文件。

A. 保证计量器具达到统一的测量不确定度

B. 保证计量器具按照统一的方法，达到法定要求

C. 保证计量器具达到出厂标准

D. 保证计量器具达到客户要求

21. 不属于计量风险清单的要素是（ B ）。

A. 风险描述

B. 风险出现的追责

C. 风险等级

D. 防控风险的措施

22. 密度计泵启泵后需要运行（ D ）min 时间，密度计测出的数值会更准确。

A. 5

B. 10

C. 20

D. 30

23. 液化石油气加气机的最大允许误差为（ B ）。

A. ±0. 5%

B. ±1. 0%

C. ±1. 5%

D. ±2. 0%

24. 液化石油气加气机检定条件的温度环境要求正确的是（ C ）。

A. −5~50℃

B. −10~40℃

C. −15~35℃

D. −20~30℃

25. 某企业建立一项三等量块计量标准作为企业最高标准，其主标准送（ A ）检定才合法。

A. 具有相关能力的法定计量检定机构

B. 本市某产品检测所

C. 另外一家建立了二等量块计量标准的企业

D. 另外一家建立了一等量块计量标准的企业

26. （ C ）不是计量标准考核的内容。

A. 计量标准器及配套设备

B. 计量标准的主要计量特性

C. 社会经济效益

D. 环境条件及设施

27. 实操技能的获得，必须直接参加（ B ），才能使所学知识转化为技能技巧，因此技能训练是企业培训的重要教学环节。

A. 课堂学习

B. 实践训练

C. 答疑辅导

D. 互动交流

28. 在 PPT 中创建新的幻灯片时出现的虚线框称为（ A ）。

A. 占位符

B. 文本框

C. 图片边界

D. 表格边界

29. ISO9000：2015 的质量管理原则，以（ B ）为关注焦点。

A. 领导

B. 顾客

C. 质量

D. 员工

30. 指挥和控制组织的协调活动称为（ B ）。

A. 策划

B. 管理

C. 过程

D. 决策

31. 利用输入实现预期结果的相互关联或相互作用的一组活动称为（ C ）。

A. 控制

B. 改进

C. 过程

D. 管理

32. 方针是由（ A ）正式发布的组织的宗旨和方向。

A. 最高管理者

B. 企业领导人

C. 质量负责人

D. 技术负责人

33. 确认就是通过提供（ C ）对特定的预期用途或应用要求已得到满足的认定。

A. 事例

B. 理性推论

C. 客观证据

D. 假设

34. 对产品、服务或投诉处理过程的意见、评价和诉求称为（ B ）。

A. 起诉

B. 反馈

C. 争议

D. 投诉

35. 测量是确定（ A ）的过程。

A. 数值

B. 单位

C. 体积

D. 长度

36. 预防措施是为消除（ A ）而采取的措施。

A. 潜在不合格

B. 不合格

C. 未知产品

D. 偏离

37. 在一个受审核方，由两个或两个以上审核组织同时实施的审核称为（ B ）。

A. 复审

B. 联合审核

C. 单体系审核

D. 多体系审核

38. （ A ）是实现质量管理体系有效性的基础。

A. 基于风险的思维

B. 持续改进的过程

C. 有效的文件

D. 正确的决策

39. PDCA 循环中 P 表示的意思是（ B ）。

A. 改进

B. 策划

C. 考核

D. 复审

40. 利用机遇所采取的措施也可能包括考虑相关（ A ）。

A. 风险

B. 不确定性

C. 陷阱

D. 困难

41. 质量管理体系中为预防和减少不利影响应策划（ A ）。

A. 应对风险和机遇的措施

B. 消除不合格项的措施

C. 最大限度满足顾客的方案

D. 允许部分偏离的程序

42. 设备的测量溯源包括检定和（ A ）。

A. 校准

B. 检验

C. 试验

D. 测试

43. 为控制成文信息，使用时，组织应进行的活动的不包括（ D ）。

A. 分发、访问、检索和使用

B. 存储和防护

C. 更改控制

D. 加密

44. 组织应保留适当的（ A ）作为监视和测量资源适合其用途的证据。

A. 成文信息

B. 程序文件

C. 作业手册

D. 标准

45. 组织应按照策划的（ A ）进行内部审核。

A. 时间间隔

B. 评价报告

C. 审核计划

D. 审核程序

46.（ B ）应对组织的质量管理体系进行评审。

A. 主任

B. 最高管理者

C. 质量负责人

D. 技术负责人

47. 组织应（ A ）质量管理体系的适宜性、充分性和有效性。

A. 持续改进

B. 改进

C. 测试

D. 监察

48. 利用监视验证产品质量时组织应确保所提供的资源适合所开展的监视和测量活动的（ A ）类型。

A. 特定

B. 所有

C. 单一

D. 任意两个

49. 用于测量管理体系的方法包括从基本的测量设备的（ B ）到测量过程中统计技术的应用。

A. 检定

B. 验证

C. 校准

D. 检验

50.（ D ）活动不能称为测量过程。

A. 设计

B. 检测

C. 检验

D. 推理

51. 能影响测量结果的可区分的特性称为（ C ）。

A. 计量特质

B. 计量体系

C. 计量特性

D. 计量要求

52. 如果在调整或维修前（ C ）的结果测量设备不满足计量要求危及测量结果的正确性，设备的使用者应确定潜在的后果，并采取必要的措施。

A. 计量检定

B. 计量校准

C. 计量验证

D. 计量检验

53. 计量确认程序应当包括（ B ）和测量设备误差在计量要求规定的允许限内的方法。

A. 检测测量范围

B. 验证测量不确定度

C. 检查分辨力

D. 以上都不对

54. 成品油销售企业主要计量管理流程应根据（ D ）来确定。

A. 油库管理部门的要求

B. 零售管理部门的要求

C. 物流管理部门的要求

D. 实际计量业务环节

55. 不属于流程节点说明中必须明确的内容是（ C ）。

A. 适用范围

B. 程序、重点、风险

C. 编制人

D. 相关制度

三、多项选择题

1. 某管道下载站质量流量计发油数量与油库收油罐收油数量相比差异较大可

能的原因有（ AB ）。

A. 流量计存在零点漂移

B. 流量计出口直管段不足

C. 附近有挖掘施工

D. 附近有高压线

2. 立罐油高测量结果与前次作业的后尺测量值有较大的差异，有可能是（ ABCDE ）导致的。

A. 读数或记录错误

B. 投尺位置有误

C. 油温变化较大

D. 油罐渗漏或窜油

E、油罐罐底有异物

3. 影响油品视密度不确定度的来源主要包括（ ABC ）。

A. 密度计最大允许误差引入的不确定度

B. 人员读数引入不确定度

C. 油样代表性引入的不确定度分量

D. 油品空气浮力修正引入的不确定分量

4. 计量腔内壁结蜡会使流量计壳体与转子、转子与转子之间（ ACD ）。

A. 间隙变小

B. 间隙变大

C. 漏流量降低

D. 流量计误差曲线上移

5. （ ABCD ）会影响加油机准确度。

A. 计量器腔磨损

B. 加油机底阀渗漏

C. 油品的黏度

D. 油品的流速

6. 培训课程内容设计的两种方式分别为（ AC ）。

A. 逻辑学方式

B. 美学方式

C. 心理学方式

D. 伦理学方式

7. 企业培训效果的评估四层次标准为（ ABCD ）。

A. 反应层

B. 行为层

C. 学习层

D. 结果层

E、改进层

8. 员工辅导中的沟通管理包括（ ABC ）方面。

A. 聆听

B. 区分

C. 发问

D. 指导

9. 关于确定微课主题，下列说法正确的是（ AB ）。

A. 会什么教什么

B. 分析潜在学员数量

C. 课程主题越大越好

D. 只要有需求可以不计成本

10. 计量内审检查的标准是（ ABCD ）。

A. 国家相关标准

B. 计量法律法规

C. 相关计量企业规范

D. ISO9000：2015 的相关要求

11. 建立计量标准的法律依据是（ ABC ）。

A.《中华人民共和国计量法》

B.《中华人民共和国计量法实施细则》

C.《计量标准考核办法》

D.《计量标准考核规范》

12. 计量标准考核的内容有（ ABD ）。

A. 计量标准器及配套设备

B. 计量标准的主要计量特性

C. 社会经济效益

D. 环境条件及设施

13. 教师手册的内容通常包括（ ABCD ）。

A. 主要讲授内容

B. 时间安排

C. 案例、故事设计

D. 互动设计

14. 装有导向管的卧式油罐必须（ AB ）。

A. 直接通到容器内液体中

B. 有改善测量准确度的槽孔

C. 直接通到容器底部

D. 无特殊要求

四、简答题

1. 如何处理椭圆齿轮流量计的常见故障？

答：(1)流量计安装不正确：流量计安装位置不正确重新合理安装；流量计安装方向不正确重新合理安装。

（2）流量计损坏：流量计前过滤器滤网损坏造成流量计中有杂质更换滤网。

（3）流量计齿轮损坏更换齿轮；冬季流量计中有水冻结进行消冻处理。

2. 什么叫汽化和凝结？什么叫沸腾和蒸发？

答：液体变成气体的现象叫汽化。

气体变成液体的现象叫凝结。

蒸发是发生在液体表面上的汽化，蒸发可以在任意温度下发生。

沸腾是发生在液体内部的汽化，这种汽化只能在液体达到一定温度（沸点）时才会发生。

蒸发和沸腾是汽化的两种方式。

3. 甲炼厂向乙油库发运汽油一船。①乙油库计量人员接卸该船油品工作程序如何？②如果此批油品发生超耗计量人员应如何处理？③如果确证是甲炼厂的责任，应如何履行索赔手续？

答：（1）乙油库收油时应做好以下几点：确定接卸油罐的前尺，如分几个罐接卸则应同时一次量好这几个罐的前尺，以确定罐内原有油重。油轮应稳油 15min 以上并接静电，同时查验送货单据，到船上计量采样，核对品名、规格、质量、数量和容器的状况与施封情况。以上完毕后检查卸油管线、支路阀门进行卸油。卸油时计量员应按时巡罐、巡线以防止跑冒油。卸油后应验仓，应确认卸净，待油罐稳油后可进行后尺，按计量规定求出油罐实收量。

（2）如经计量发现超耗时应：立即向油库主任汇报，共同复检。确证超耗后应查责任三方，找到责任方。查出超耗责任方后，按《成品油计量交接管理规范》或双方合同约定的有关协议处理，同时直接上报计量管理部门和财务部门审核、确认。

（3）索赔手续如下：①需方验收时发现交接差量超过交接允差时，应在12h内以电子邮件、传真或电话等形式通知供方，供方收到需方反映后4h内给予回复意见，确定处置方法。②需方应在同批油品到达后48h内提供索赔资料，逾期责任由需方承担；供方收到索赔资料后，于30个工作日内处理完结，逾期未答复视为认索。索赔资料主要包括以下内容：a. 索赔的理由和要求；b. 计量验收及复测数据记录；c. 计量器具检定证书复印件；d. 能证明交接差量的其他资料。

4. 请简述油库公路发货流量计走字码与发货系统发出数不一致的常见原因。

答：（1）阀门关闭滞后，造成发货过冲；

（2）水击冲击，造成停止发油后流量计指示值改变；

（3）人为更改发货系统流量计系数；

（4）脉冲发生器与流量计联动齿轮处于半联动状态，脉冲数丢失；

（5）流量计表头变速齿轮与计数机构处于半联动或脱离状态；

（6）在下位机直接发油后删除发油记录；

（7）电磁阀关闭不严，开始发油前和停止发油后流出油品无脉冲传输。

5. 流量计在线检定有什么优点？

答：（1）在线检定不需要把流量计从工艺管线上拆下；

（2）在线检定液体是使用的实际油品，避免了因油品的黏度、压力、温度的差异而造成的误差；

（3）在线检定可以对系统误差通过设置系数加以补正，使总量符合计量误差的要求。

6. 汽车油罐车的容积检定有哪两种方法？请简述容量比较法检定原理。

答：汽车油罐车的容积检定有流量计法和容量比较法两种。容量比较法的原理是先用标准量器（准确度 2.5×10^{-4}）组将被检罐注水至它的标称容积75%位置，对其容积进行检定，然后再用标准量器对被检罐标称容积75%至100%范围内进行容积分点检定（点数取决于罐容积大小和检定准确度要求），求出每点的液位高度所对应的容积值，将这些对应值进行数学处理，即可得到该范围内任意不同液位高度所对应的容积值（容积表）。

7. 国际上，被承认用于成品油罐计量交接和贸易结算的液位计是哪几种？

答：伺服液位计；雷达液位计；磁致伸缩液位计。

8. 请简述伺服液位计的工作原理。

答：(1) 伺服液位计利用阿基米德浮力原理，通过设定测量钢丝上确定的平衡力，使测量浮子处于被测液体的表面。

(2) 测量浮子的底部通常沉入液面 2~3mm。此时，测量浮子受到其本身的重力和液体的浮力（阿基米德浮力原理），在测量钢丝上则表现为测量浮子所受重力和浮力之合力，即测量钢丝上的张力。

(3) 当液位静止时，测量浮子处于相对静止状态。此时，测量钢丝、测量鼓及力传感器以杠杆滑轮原理构成力平衡，工厂给定静止状态下测量钢丝上的张力为 208g，力传感器上张力丝以相应的频率震动，检震器不断地检测到平衡张力为 208g 之对应频率。

(4) 当液位下降时，测量浮子所受浮力减小，则测量钢丝上的张力增加，张力的改变立即传达至力传感器的张力丝上，使其拉紧，检震器检测到张力丝上的频率增加，伺服控制器随即发出命令，令伺服电机带动测量鼓逆时针转动，伺服电机以 0.005mm 的步幅放下测量钢丝，测量浮子不断地跟踪液位下降的同时，计数器记录了伺服电机的转动步数，并自动地计算出测量浮子的位移量（步长×步数），即液位的变化量。

(5) 当液位上升时，这个过程相反

9. 在计算油罐容积时，为什么要将静压力容积增大值乘以所装油品的标准密度后再加进编表容积里去？

答：因为油罐装油后，受到液体静压力的影响，罐壁产生弹性变形，使容积增大，而所装液体的密度不同，静压力增大值也随之改变。为了适应这一变化，检定部门在检定证书上给出的容积增大值修正表是按水的密度编制的，所以装油时应将容积增大值乘以所装油品的标准密度。

10. 试述立式金属罐的检定原理。

答：立式金属罐的罐体在理想状态下应是一圆筒式，分为若干层，从下至上依次称为第一圈板，第二圈板……第 n 圈板，则每圈板容量 V_i 为

$$V_i=\frac{\pi}{4}d_i^2h_i$$

$$d_i=D_{基}+2\Delta r_i-2\delta_i$$

式中 d_i——第 i 圈板的内直径，mm；

h_i——第 i 圈板的内高，mm；

$i=1, 2, 3, \cdots, n$——圈板的序号；

Δr_i——第 i 圈板径向偏差，mm；

δ_i——第 i 圈板平均板厚，mm。

若考虑液体静压力引起的罐壁弹性变形的修正值、罐内附件体积、罐底容量和罐体的倾斜修正等，则罐的总容量 V 为

$$V=\sum_{i=1}^{n}V_i+\Delta V_P+\Delta V_A+\Delta V_B+\Delta V_L$$

式中 ΔV_P——液体静压力容量修正值；

ΔV_A——罐内附件的体积，当它的体积使罐的有效容量增加时，ΔV_A 为正值；反之，为负值；

ΔV_B——罐底容量；

ΔV_L——罐倾斜的修正值。

11. 克服紧张情绪所需事先做好的准备有哪些？

答：（1）克服紧张情绪需事先做好培训内容的准备；

（2）培训前的心理准备；

（3）培训前的生理准备；

（4）与培训相关的人际关系准备。

五、计算题

1. 某加油站用 50L（不锈钢）标准器对汽油加油机最大流量进行校验，数值如下：$H=104.0$mm，$V_f=4.46$mL/mm，H_i 分别是 111.0mm、112.0mm、114.0mm；加油机示值分别为：50.10L、50.12L、50.14L。加油机油枪出口的油温均为 23.6℃，标准器中间部位油品的温度均为 24.1℃，$\beta_s=50\times10^{-6}$℃$^{-1}$，$\beta_{液}=12\times10^{-4}$，求加油机的相对误差？

解：1. 求检定点 h 对应的标准器在 20℃下的容积值 V_B：

$$V_B=V_o+[V_f\times(H-H_i)\div1000] \tag{1}$$

$$V_{B1}=50+[4.46\times(111.0-104.0)\div1000]=50.03\text{L}$$

$$V_{B2}=50+[4.46\times(112.0-104.0)\div1000]=50.04\text{L}$$

$$V_{B3}=50+[4.46\times(114.0-104.0)\div1000]=50.04\text{L}$$

2. 求标准器在检定温度下的实际体积 V_{Bt}

$$V_{Bt}=V_B[1+\beta_Y(t_J-t_B)+\beta_B(t_B-20)] \tag{2}$$

$$V_{Bt1}=50.03\times[1+0.0012\times(23.6-24.1)+0.000050\times(24.1-20)]$$
$$=50.01\text{L}$$

$$V_{Bt2}=50.04\times[1+0.0012\times(23.6-24.1)+0.000050\times(24.1-20)]$$
$$=50.02\text{L}$$

$$V_{Bt3}=50.04\times[1+0.0012\times(23.6-24.1)+0.000050\times(24.1-20)]$$
$$=50.02\text{L}$$

3. 求加油机每次的相对误差 E_i

$$E_i = [(V_{Ji}-V_{Bt}) \div V_{Bt}] \times 100\%) \quad (3)$$

$$E_1 = (50.10-50.01) \div 50.01\times100\% = 0.18\%$$

$$E_2 = (50.12-50.02) \div 50.02\times100\% = 0.20\%$$

$$E_3 = (50.14-50.02) \div 50.02\times100\% = 0.24\%$$

$$\delta_{基} = \delta_{max} = +0.24\%$$

重复性 $\delta_r = [(\delta_{max}-\delta_{min}) \div d_n] = (0.24\%-0.18\%) \div 1.69 = 0.04\%$

答：加油机的相对误差为+0.24%。